Política Científica

Coleção Debates
Dirigida por J. Guinsburg

Conselho Editorial: Anatol Rosenfeld, Anita Novinsky, Aracy Amaral, Boris Schnaiderman, Carlos Guilherme Mota, Celso Lafer, Gita K. Guinsburg, Haroldo de Campos, Leyla Perrone-Moisés, Maria de Lourdes Santos Machado, Regina Schnaiderman, Rosa R. Krausz, Sabato Magaldi, Sergio Miceli e Zulmira Ribeiro Tavares

Equipe de realização: Revisão: Mary Amazonas Leite de Barros; Produção: Geraldo Gerson de Souza; Capa: Moysés Baumstein

Heitor G. de Souza
Darcy F. de Almeida
Carlos Costa Ribeiro

Política Científica

Editora Perspectiva   São Paulo

Direitos exclusivos da
EDITORA PERSPECTIVA S.A.

Av. Brig. Luís Antônio, 3 025
São Paulo
1972

SUMÁRIO

Apresentação 7

Nota Introdutória 9

1ª Parte: OBJETIVOS DE UMA POLÍTICA CIENTÍFICA E TECNOLÓGICA

1. Criação do potencial científico nacional I — Paulo de Góes 17
2. Criação do potencial científico nacional II — M. A. Pourchet Campos 33
3. Educação permanente e novas tecnologias educacionais — Arlindo Lopes Corrêa ... 47
4. Administração pública e melhoria da qualidade de vida — Luiz Simões Lopes 61

5. *Política científica e tecnológica e desenvolvimento social* — HEITOR G. DE SOUZA ... 71
6. *Estabelecimento de tecnologia autóctone* — Major SERGIO FEROLLA 97
7. *Importação de tecnologia* — J. W. BAUTISTA VIDAL 107
8. *Importação tecnológica: implicações no crescimento econômico* — MIGUEL OZÓRIO DE ALMEIDA 115

2ª Parte: ESTRUTURAÇÃO DO ÓRGÃO RESPONSÁVEL PELA POLÍTICA CIENTÍFICA E TECNOLÓGICA

9. *As estruturas governamentais de planificação* — Y. DE HEMPTINNE 147
10. *Organização estrutural da política científica e tecnológica* — MARIO DONATO AMOROSO ANASTÁCIO e SYLLA HELENA C. DE MORAES 189

3ª Parte: ENTIDADES E ORGANIZAÇÕES RESPONSÁVEIS PELOS MEIOS

11. *Entidades e organizações incumbidas da atribuição dos meios* — JOAQUIM F. DE CARVALHO 203
12. *Política científica: a experiência italiana* — G. B. MARINI-BETTOLO 225
13. *Estruturação do órgão responsável* — JOSÉ PELÚCIO FERREIRA 235

4ª Parte: LINHAS DE AÇÃO PRIORITÁRIAS EM CIÊNCIA E TECNOLOGIA

14. *Linhas prioritárias de ação* — CARLOS CHAGAS 251
15. *Prioridades e objetivos nacionais de desenvolvimento* — M. FROTA MOREIRA 269

Apêndice:
  Agenda do Simpósio 287
  Relação de participantes 289

APRESENTAÇÃO

O presente volume enfeixa as apresentações feitas no Simpósio sobre Política Científica, organizado por ocasião das comemorações do 25º aniversário de fundação do Instituto de Biofísica da Universidade Federal do Rio de Janeiro.

Desejo de início agradecer às várias organizações que colaboraram com o Instituto de Biofísica na sua organização, bem como aos participantes do colóquio, a cooperação que tornou possível o êxito do certame.

Não pretendeu a direção do Instituto de Biofísica esgotar o assunto, mas apenas focalizá-lo, dada a importância que tem para o desenvolvimento social da

Nação. O acompanhamento da reunião do princípio ao fim por numerosa assistência é um índice desta assertiva.

A política científica e tecnológica de um país, ao se inserir no quadro de sua evolução e ao integrar a política geral de seu desenvolvimento, tem recebido ênfases diversas. Estão elas refletidas nos trabalhos agora publicados, bem como se reproduziram nos debates que se seguiram à leitura dos mesmos ou à sua apresentação sumária. Cientistas, economistas, tecnólogos, sociólogos e administradores deles participaram e suas opiniões pareceram muitas vezes conflitantes, por representarem naturalmente tendências particulares. Cabe exatamente à política científica determinar a dosagem correta destas várias tendências existentes. É nosso desejo que o volume ora publicado pela Editora Perspectiva, que tão generosamente se empenha na divulgação dos resultados do colóquio, possa colaborar na obtenção do justo equilíbrio, sem o qual não se poderá fazer a integração harmoniosa de Ciência e Tecnologia no processo social.

CARLOS CHAGAS

NOTA INTRODUTÓRIA

Para comemorar os vinte e cinco anos de profícua atividade do Instituto de Biofísica da Universidade Federal do Rio de Janeiro, quis o seu Diretor, Prof. Carlos Chagas, marcar essa efeméride com eventos de grande significação e, entre eles, programou a realização de um Simpósio sobre Política Científica, cujo temário abordou os seguintes temas:
— Objetivos de uma Política Científica e Tecnológica;
— Formas possíveis de estruturação do órgão responsável pela Política Científica e Tecnológica;
— Entidades e organizações responsáveis pela atribuição dos meios;

— Linhas de ação prioritária em Ciência e Tecnologia, considerando os objetivos nacionais de desenvolvimento.

Convidou um grupo seleto de expositores e um número limitado de participantes bem como alguns dos conferencistas estrangeiros que vieram especialmente ao Brasil para as festividades de aniversário do Instituto.

Uma análise dos principais tópicos da Agenda desenvolvida destaca a importância dos temas que foram debatidos neste Simpósio durante três dias, em setembro de 1971, no Rio de Janeiro. Distinguido pelo Prof. Chagas com a honrosa tarefa de atuar como Editor dos trabalhos do Simpósio, verifiquei de imediato a enorme dificuldade que se iria antepor a essa tarefa, tão pronto fomos tomando conhecimento dos trabalhos apresentados pelos participantes e dos debates que se seguiram no Simpósio. Com a colaboração de dois professores do Instituto de Biofísica, Profs. Darcy F. de Almeida e Carlos Costa Ribeiro, foi possível equacionar uma solução para o trabalho editorial. Dada a carência de recursos financeiros para transcrevê-los integralmente, ficou decidido que não se poderia incluir os debates que se seguiram a cada um dos trabalhos apresentados. Também, dada a extensão de alguns desses trabalhos, o Comitê Editorial decidiu consultar cada um dos autores, solicitando que fizesse uma revisão e, se possível, uma redução no texto de suas comunicações. Em alguns casos isso foi possível, e transcrevemos o trabalho simplificado; em outros, não foi possível haver redução no texto, sem que se quebrasse a harmonia e a linha de pensamento do respectivo autor. Dessa forma, porém, o trabalho editorial simplificou-se muito.

Estamos certos de que, após a leitura dos trabalhos apresentados no volume anexo, ter-se-á uma visão clara dos principais problemas que hoje são fundamentais na Política Científica e Tecnológica dos países em desenvolvimento e também dos países desenvolvidos. Ficou patente no Simpósio que, uma vez definidos os objetivos de uma Política Científica e Tecnológica de um país, há a necessidade de estruturar os órgãos responsáveis por sua implementação, bem como de obter um eficaz mecanismo de coordenação entre os órgãos de planejamento e os órgãos de execução dessa política. Com relação a esse tema, devemos chamar a atenção para o trabalho apresentado pelo Diretor da Divisão de Política Científica da UNESCO, Dr. Y. de Hemptinne, que sumariza duas dezenas de anos de experiência de contato e convívio com organismos desse tipo, em diversas regiões do globo. Sem pretender ser fiel ao exato conteúdo e à ordem cronológica seguida, mas apenas para dar uma idéia aos leitores dos principais aspectos que se discutiram nos debates que se seguiram aos diferentes trabalhos, valeria a pena ressaltar os seguintes:

— O papel fundamental da Ciência e da Tecnologia para o desenvolvimento econômico e social global de um país;
— Os países em desenvolvimento e um novo tipo de colonialismo: "O colonialismo tecnológico";
— As dificuldades existentes para a transferência de tecnologia, inclusive de sua absorção; problemas de criação e seleção de tecnologias intermediárias, bem como o uso seletivo de tecnologias importadas; problemas de análise do custo social relativos à importação de tecnologia a curto, médio e longo prazo; a necessidade do estabelecimento de uma capacidade criativa de Ciência e Tecnologia no país;
— Problemas de formação de recursos humanos em Ciência e Tecnologia;
— Os desajustes entre o sistema educacional e o mercado de trabalho;
— Os problemas de massificação do ensino e a necessidade do uso de tecnologia educacional avançada;
— A necessidade do estabelecimento de um sistema de educação permanente — a nova Universidade "Aberta";
— O problema do *brain-drain;* *
— A formação de pesquisadores deve ser feita não só nas Universidades e centros de pós-graduação, como em instituições especializadas de pesquisa;
— Problemas de falta de pessoal técnico de nível médio, fundamental para a realização de trabalhos de pesquisa científica e tecnológica;

(*) A expressão é correntemente usada em inglês pois já assumiu significado universal. Significa "perda de cérebro".

- O papel da Universidade como instituição de pesquisa e, porque pesquisa, ensina;
- A necessidade de constante integração da Universidade com os problemas do país, bem como a necessidade do estabelecimento de projetos cooperativos de pesquisa Universidade-Indústria, Universidade-Governo;
- O velho dilema aparente da ciência pura *versus* ciência aplicada nos países em desenvolvimento: aspecto importante a considerar: "menos de dez por cento da pesquisa fundamental feita nos países desenvolvidos é aplicável ou utilizável nos países subdesenvolvidos" — informação ao Comitê Assessor de Ciências das Nações Unidas dada pela Universidade de Sussex na Inglaterra;
- O importante papel das informações para a pesquisa científica e tecnológica e a necessidade de interação dos centros de pesquisa com os de difusão, bem como os de aplicação e de inovação.

Outros importantes tópicos abordados nos debates foram:

- O desenvolvimento científico e tecnológico e a melhoria da qualidade da vida;
- O impacto da tecnologia no meio ambiente;
- Problemas e implicações econômicas da "cura" da poluição (o custo do produto); a ausência de componentes sociais nos grandes projetos de pesquisa e desenvolvimento;
- A semelhança entre certos tipos de problemas existentes em países em desenvolvimento e em países desenvolvidos;
- Os problemas decorrentes do que se poderia chamar a "ecologização" da pesquisa científica e tecnológica;
- Os problemas da planificação da política científica e tecnológica e a estrutura dos órgãos governamentais para sua fixação e execução;
- A conveniência de se ter um sistema cibernético para a política científica e tecnológica considerando não só os pontos de vista dos cientistas como os dos economistas;

— A ação dos principais órgãos de apoio à pesquisa científica e tecnológica no Brasil — CNPq, CNEN, FUNTEC, FNDCT, CAPES, FAPESP etc.;
— Necessidade de coordenação da pesquisa realizada em diferentes órgãos governamentais, no âmbito federal, estadual, municipal e nas instituições privadas. Além dos órgãos agora existentes, deveríamos ter no Brasil um Ministério de Ciência e Tecnologia? Ou um Conselho Nacional de Política Científica e Tecnológica?

Destacou-se, de qualquer forma, ser necessária a presença no mais alto nível ministerial de um intérprete do setor de Ciência e Tecnologia. Ressaltou-se o orçamento atual para a Ciência e Tecnologia em nosso país, bem como relacionou-se a porcentagem de recursos em relação ao produto interno bruto, que vêm sendo destinados ao setor, em diversos países. Enfatizou-se a necessidade do estabelecimento de fundos de pesquisa no orçamento das próprias Universidades (para aquelas que ainda não os têm). Ressaltou-se também o caráter interdisciplinário, cada vez maior, dos campos de pesquisa de fronteira, bem como a necessidade de estabelecer, possivelmente, novas instituições que possam enfrentar simultaneamente os problemas de pesquisa, desenvolvimento, demonstração, avaliação e *feed-back*.

— Foram também mencionadas outras dificuldades que se antepõem à realização do trabalho de pesquisa, não só nas instituições especializadas, como nas Universidades e mesmo nas empresas, tanto governamentais, como privadas. Mencionaram-se, por exemplo, os resultados de recente pesquisa feita em 450 empresas no Brasil, com a seguinte conclusão:

Fazem experimentação em escala piloto ..	17%
Fazem transferência e adaptação de tecnologia	67%
Realizam pesquisa criativa, só dessas empresas	16%

A simples menção dessa lista de tópicos dará por certo aos leitores uma visão geral, porém não detalhada, do que foram os interessantes debates que se seguiram à apresentação de cada um dos temas do Simpósio.

Dada a complexidade dos temas e a curta duração do Simpósio, não se poderia pretender chegar a conclusões definitivas sobre esses temas que, em todos os países, vêm merecendo atenção prioritária. Uma recomendação do Simpósio é a de que o mesmo se repita num futuro breve.

Estamos certos de que os trabalhos que se apresentam neste volume servirão de referência e orientação para todos os que, nos organismos nacionais de Ciência e Tecnologia, nos Ministérios, nas Universidades e Institutos de Pesquisa, e na empresa privada, têm que enfrentar diariamente problemas ligados à pesquisa e ao desenvolvimento científico e tecnológico, mola propulsora fundamental do desenvolvimento econômico e social.

É fora de dúvida que um grande esforço está sendo feito em nosso país, no sentido de estimular a pesquisa científica e tecnológica e a formação de pessoal. Recursos vultosos vêm sendo empregados ano a ano e, cada vez mais, é da maior importância um planejamento adequado desse esforço para termos a máxima utilização desses recursos que, embora crescentes, não serão por certo suficientes para atender a todas as necessidades de um país em desenvolvimento como o Brasil.

Ao agradecer o honroso encargo recebido, quero felicitar o Instituto de Biofísica da Universidade Federal do Rio de Janeiro pela iniciativa da realização deste primeiro Simpósio que veio marcar com brilhantismo o jubileu de prata de uma instituição que vem fazendo um trabalho científico sério e intenso em benefício do desenvolvimento de nosso país.

Prof. HEITOR G. DE SOUZA

1ª Parte

OBJETIVOS DE UMA POLÍTICA CIENTÍFICA E TECNOLÓGICA

CRIAÇÃO DO POTENCIAL CIENTÍFICO NACIONAL I

As atividades científicas e tecnológicas em suas origens foram desenvolvidas, principalmente, em instituições de natureza vária ou em universidades, processando-se mais ao sabor das curiosidades e motivações intrínsecas dos que as praticavam do que objetivando propósitos definidos ou programáticos (1).

É certo que muitos dos resultados obtidos das atividades desenvolvidas de tal forma influíram por vezes de modo assinalado no curso da civilização, constatando-se mesmo conseqüências marcantes por servirem de base a procedimentos tecnológicos de notórias implicações econômicas. Malgrado, porém, importantes registros dessa natureza, até o início do presente século, a ciência não era entendida como uma força propulsora do progresso econômico. Pelo contrário, as atividades científicas se desenvolviam como um epifenômeno do crescimento material; constituindo mesmo mais uma conseqüência deste, pois daí é que derivavam os recursos para que pudessem medrar as instituições do saber (2).

No presente século, de uma forma progressiva, a situação se inverteu e, hoje, já é um truísmo reconhecer que o progresso científico e tecnológico não é conseqüência do progresso econômico, mas sim este uma resultante do avanço daquele (3).

A partir da Segunda Grande Guerra, a evidência desse fato passou a exigir que os governos dos países exercitassem uma certa ação disciplinadora sobre a pesquisa científica e tecnológica em consideração a dois aspectos principais. O primeiro, a concessão de apoio prioritário às linhas de trabalho relacionadas a problemas de segurança ou que se mostrassem potencialmente promissoras no tocante a resultados práticos (4). O segundo pela limitação de recursos, posto que nem todos os projetos apresentados às entidades financiadoras podiam ser atendidos (1).

Resultou daí a criação, nos países mais avançados, de agências ou órgãos visando coordenar as atividades científicas com a observância de determinados princípios, antes do mais, coadunados com os interesses, aspirações e objetivos nacionais.

Surgiram assim os Conselhos Nacionais de Pesquisas ou outros órgãos de mais alta hierarquia, como os Ministérios de Ciência e Tecnologia, tal como existem em certos países desenvolvidos.

A função de tais órgãos, como é natural, passou a ser a de definir uma política científica e tecnológica que, fundamentalmente, reside no estabelecimento de critérios de prioridade, dentro dos quais devem destacar-se os esforços a serem desenvolvidos (1).

É certo que a política científica de um dado país deve ser dotada de uma natural flexibilidade, de sorte que as iniciativas e motivações dos pesquisadores não sejam estranguladas ou desestimuladas, visto que, primariamente, a estes compete a definição dos campos de trabalho para os quais se polarizam as suas motivações intrínsecas e as suas curiosidades. A inobservância de princípio tão fundamental pode conduzir a um indesejável dirigismo científico, mutilante e atrofiante das iniciativas espontâneas, com a inevitável redução do rendimento de capacidades criadoras (5, 6).

Não há dúvida de que, em todo o complexo da criação científica, é o pesquisador o móvel e o instrumento primário de todo o sistema. Dele é que dependem as opções fundamentais. Da sua liberdade é que resulta a capacidade de criar e, se a ela se opõem quaisquer forças limitadoras, esteriliza-se o móvel primário de todo um processo (6).

Mas não se pode chegar ao extremo de deixar que os esforços no campo da ciência e da tecnologia se desenvolvam ao acaso; deve existir um balizamento ordenado mas não constrangedor, aí residindo os verdadeiros princípios de uma política científica e tecnológica inteligente.

O que se vem verificando no Brasil, nos vários estágios da evolução de nossa ciência, não se distancia daquilo que se tem passado nos países mais avançados. Surgida a nossa ciência, através de um lento processo de estratificação a partir do século passado, já ao início deste começaram a constituir-se grupos, cuja organização, e estrutura, em forma de institutos, obedeciam a padrões internacionais, sendo disto bom exemplo o Instituto Oswaldo Cruz (7).

Outras instituições do mesmo jaez também se foram afirmando e, na primeira metade deste século, ainda que não tivéssemos alcançado uma densidade apreciável em termos de recursos humanos e materiais, a permitir a identificação de uma importante ciência autóctone, muitas conquistas foram realizadas particularmente no campo sanitário, que chegaram a produzir evidentes impactos em nosso progresso econômico-social (7).

Ao atingir esse estágio, já a ciência no Brasil envolvia um tal volume de interesses que passaram a exigir a constituição de um órgão coordenador das atividades científicas e tecnológicas. Foi quando surgiram o Conselho Nacional de Pesquisas (CNPq) e, logo em seguida, a Coordenação do Aperfeiçoamento de Pessoal de Ensino Superior (CAPES) (esta com função complementar, limitada a sua ação à formação e aperfeiçoamento de pessoal) que passaram a exercer esse papel, tendo em vista nosso progresso em relação àquelas ditas atividades.

Nessa fase, porém, o CNPq exercitava uma ação principalmente de apoio e estímulo aos indivíduos e grupos nas instituições já empenhados na pesquisa científica. Tal ação era principalmente de reforço ou suplementação dos parcos recursos que nossas instituições, sobretudo as universidades, podiam fornecer aos investigadores.

Estes, por seu turno, ainda em número relativamente pequeno, exercitavam suas ações em muitos casos numa atividade paralela às que exerciam em caráter profissional. É quando um novo avanço se verifica ainda, na década dos 50, e começa a processar-se a profissionalização do cientista. Deixa a pesquisa de ser uma atividade ancilar do trabalho profissional, constituindo-se então uma nova classe de trabalhadores votados exclusivamente aos misteres da investigação. É quando também se passa a entender que, sem o tempo integral ou a dedicação exclusiva, não se pode alcançar um nível adequado de produtividade (3).

Torna-se então saliente o papel do CNPq que, propiciando recursos para suplementação salarial aos pesquisadores, assegura-lhes a possibilidade de dedicação plena aos seus objetivos de trabalho.

Começa a criar-se uma consciência no país de que a Ciência e a Tecnologia são móveis críticos para o desenvolvimento econômico, consciência essa que se afirma com a aceleração de nosso processo de desenvolvimento industrial, que tem necessariamente de ser lastreado por uma sólida base tecnológica (7).

A importação de *know-how* * ou de tecnologias alienígenas criam para nossa indústria nascente uma situação de dependência da qual temos que nos libertar. Por outro lado, identificam-se, no acervo de problemas,

(*) Na expressão estrita "saber-fazer", implica uma "técnica" no sentido amplo.

alguns próprios e peculiares ao nosso país, a que as nações mais avançadas são indiferentes e que, se não desbravarmos, continuaremos a ter como fatores de retardo de nosso progresso. Incluir-se-ia entre tais todo o repertório de nossa nosologia peculiar a enfraquecer ou limitar a vida do homem brasileiro. É também aí que se situaria toda a pesquisa pertinente a nossos produtos naturais, que ainda constituem as nossas principais fontes de divisas (7).

Criado o nexo e firmada a consciência de que, sem um desenvolvimento científico e tecnológico, seria impossível alcançar um progresso auto-sustentado, passam os governos a dar maior apreço aos esforços empreendidos no campo da Ciência e da Tecnologia, sentindo a necessidade não só de apoiar tais iniciativas ou incentivá-las, mas, sobretudo, de situar dentro de uma política coerente o seu desenvolvimento (1).

É a partir da década dos 60 que se começa a falar de uma política científico-tecnológica nacional. Com a Lei 4533 (24) é o CNPq autorizado a formular um Plano Qüinqüenal para o Desenvolvimento Científico e Tecnológico. Para esse fim procura auscultar as associações sábias, grupos de cientistas ou mesmo indivíduos de autoridade, recolhendo dos seus pronunciamentos os subsídios para a formação de sua política científica.

Tal trabalho vai pouco a pouco se sedimentando, e em 1967 surge o documento previsto naquela lei: o Plano Qüinqüenal de Ação do CNPq, para os anos de 1968 a 1972 (11).

Já mencionamos a forma pela qual tal documento foi elaborado. Não foi fruto do arbítrio de um órgão de cúpula, mas a síntese do pensamento da comunidade científica brasileira o que, desde logo, caracteriza uma atitude infensa ao que já reputamos indesejável dirigismo científico. No contexto do complexo científico e tecnológico brasileiro há dois pontos que devem ser prevenidos: a multiplicidade de esforços concorrentes e a dispersão de recursos. Dentro da nova política que se vai delineando, procuram-se eliminar tais inconvenientes, tendo à frente a ação coordenadora do CNPq.

Reconhece-se também que a formação de pessoal é problema crítico para o reforço de nossa estrutura científica e tecnológica, e grande parte dos esforços são concentrados nesse sentido, aproveitando-se, primeiramente, os Centros Nacionais de Excelência, onde os nossos talentos potenciais devem receber a primeira fase de sua formação avançada (20, 23).

Não se pode, ao analisar de forma panorâmica, como pretendemos fazer, a conjuntura brasileira, com vistas a algumas definições de uma política científica nacional, deixar de referir o que às Universidades compete dentro desse processo. Sendo originalmente meras agremiações de escolas profissionais formadas de modo artificial por aglutinação destas, a partir de 1950, passam as Universidades a conscientizar-se do papel que têm a desempenhar no processo científico e tecnológico, essencial ao desenvolvimento do país. A evolução dessa idéia é lenta e progressiva, mas amadurece quando se desencadeia o processo da Reforma Universitária brasileira a partir de 1960 (9). Os atos do governo e as leis sucessivas de reformulação de nossa Educação Superior conduziriam à consagração do princípio de que ensino e pesquisa são indissociáveis. Culmina a formação dessa consciência nas leis que, nos últimos anos, disciplinam a Reforma da Universidade Brasileira, começando a aparecer os frutos de tão salutar diretriz. É de assinalar, como fato marcante, a institucionalização da pós-graduação *sensu stricto,* visando à formação de mestres e doutores, como um passo decisivo para a criação de quadros nacionais de pessoal, com o propósito de alcançar uma massa crítica de docentes-pesquisadores essencial para o nosso progresso científico e tecnológico (28, 29, 30, 31, 32, 33, 34, 35, 36, 37).

A institucionalização da pós-graduação nos moldes vigentes não é relevante somente nas suas implicações educacionais, mas é sobretudo um instrumento vigoroso a estimular a investigação científica e tecnológica, visto que, para a aquisição de tais graus, são requeridos monografias ou trabalhos de investigação. Estabelecido que é pré-requisito para o acesso na carreira acadêmica a obtenção dos títulos de Mestre e Doutor, as nossas futuras gerações de docentes terão necessariamente lastreada a sua formação tendo por base a pesquisa científica (21, 22).

Todos esses princípios e observações que vimos de referir estão consubstanciados em fatos concretos que extrapolaram de ações dispersas para se condensarem em um corpo unificado que constitui a base de uma política científica nacional, conforme se encontra definida nas "Metas e Bases para Ação do Governo" para o período de 1970 a 1972 com projeção para anos subseqüentes (12), em que quase todos os princípios supra-relacionados se encontram presentes. Em tal documento se alinha um temário para pesquisa científica e tecnológica considerado crítico para o nosso desenvolvimento econômico, dando-se grande ênfase à pós-graduação como uma estratégia para a formação de quadros de suporte à expansão da pesquisa e do ensino superior.

Tudo isto representa, sem dúvida, o amadurecimento de uma consciência da necessidade de formulação de uma política científica nacional que constituirá o substrato fundamental para a aceleração do nosso processo de desenvolvimento econômico. Ao mesmo tempo, prevêem-se fontes de financiamento sem as quais seria inconseqüente a definição de tal política (28).

É alentador, portanto, registrarmos tais fatos, tão contrastantes com o que havia há poucas décadas atrás, em que o trabalho científico e a investigação tecnológica eram atividades esporádicas, descoordenadas, alienadas do nosso processo de desenvolvimento econômico.

É pertinente, já que se falou em uma política emanada do Governo, para a Ciência e Tecnologia, definir que posição as Universidades deverão adotar dentro desse quadro geral. Não há dúvida de que, se os recursos que sustentam e mantêm as universidades provêm do Governo Federal, devam estas alinhar-se dentro de suas diretrizes. No entanto, sem que tal se processe de uma forma assimétrica, ou divergente, têm as universidades também, dentro de tais parâmetros, que definir as suas próprias linhas de ação. Cumpre-lhes, como papel mais saliente, a formação de pessoal em todos os níveis, já que constituem elas os grandes celeiros de talentos para a formação dos quadros de cientistas e tecnólogos necessários ao desenvolvimento do país (5).

Dentro de sua linha de independência, no entanto, e nos limites em que pode exercitar sua autonomia, há objetivos que só podem e devem ser definidos pela Universidade, por ela própria. É neste ponto que a política científica e tecnológica das universidades deve assumir posições mais amplas, contemplando não só aqueles campos definidos como prioritários, mas também estimulando ou criando novas linhas de trabalho, não lhe cabendo discriminar qualquer ramo de conhecimento. A ciência e a tecnologia são partes indissociáveis do complexo cultural e é sob essa forma que a cultura comparece como insumo crítico para o desenvolvimento. Os estudos avançados e a pesquisa devem também ser contemplados no campo das Humanidades, das Letras e das Artes, pois os ingredientes que daí derivam fertilizam igualmente a criação científica e tecnológica. A Universidade não pode ser discriminativa, pois tem um único compromisso, o saber (5).

Igualmente, entre a pesquisa básica ou fundamental e a aplicada ou tecnológica, não cabe estabelecer prioridades, visto que a tecnologia deve ser entendida como um subproduto ou uma conseqüência do conhecimento fundamental.

É dentro do alinhamento de idéias que vimos de referir que se pode alcançar a criação de um potencial científico nacional em que a Universidade se erige como principal instrumento de ação.

Já mencionamos precedentemente que o elemento crítico ou fundamental para o desenvolvimento científico é a disponibilidade de um adequado contingente de talentos cujo cultivo deve ter início desde as primeiras fases do processo educacional.

Sem esse contingente humano, pouco adiantam investimentos em prédios, instalações, ou equipamentos, que ficarão subutilizados ou ociosos. Daí a prioridade que deve ser dada aos programas de formação de pessoal. Só contemporaneamente a eles é que será oportuno implementar as condições materiais de trabalho.

Assinale-se que essas condições para que o cientista produza representam um complexo ecológico essencial ao poder criador. A atividade dos cientistas é mais produtiva quando se realiza por intermédio de equipes, visto que a ciência moderna cada vez mais assume um caráter multidisciplinar.

É bastante claro o papel fundamental que a Universidade representa na formação do contingente humano, que, em última análise, reflete o potencial científico de um dado país.

Merece também registro que a Universidade constitui "o lar natural da pesquisa" porque ela é o grande celeiro de talentos, que devem ser motivados, apoiados e tudo receber no sentido de se orientarem para a carreira científica. Daí a tendência, pelo menos em nosso país, de um desenvolvimento da pesquisa maior dentro das Universidades que nas instituições científicas isoladas, onde não existem as mesmas possibilidades de recrutamento de pessoal para renovação de quadros (7, 13).

Naturalmente que ações complementares às acima referidas devem ser desenvolvidas no sentido de que se inicie o mais breve possível o processo da educação científica. Recebendo a Universidade jovens cuja formação pré-universitária se processou dentro dessa tônica, sua tarefa será aliviada quanto ao papel que tem a desempenhar no descobrimento de vocações para a pesquisa.

Dentro da estratégia para a descoberta desses talentos, necessário se faz nas Universidades que os estudantes, ainda nos cursos de graduação, tenham amplas oportunidades de acompanhar ou mesmo participar de programas de investigação. Com esse propósito, àqueles que mostrarem maiores potencialidades devem ser oferecidas bolsas de iniciação científica ou funções de monitoria (23).

Mas aí não pára a ação da Universidade como instituição fundamental para a formação de potencial científico nacional, cabendo-lhe então proporcionar aos recém-graduados oportunidades em cursos como os de aperfeiçoamento, especialização, treinamento profissional e atualização e, aos que se distinguirem de forma marcada, cursos de pós-graduação, conforme a ênfase que a esses demos em tópico anterior. Cabe lembrar também que essas oportunidades de formação ao nível de pós-graduação devem processar-se principalmente nos Centros de Excelência do país. Só quando esgotados os recursos por estes oferecidos é que terá pertinência enviar jovens graduados ao exterior. Essa orientação se constitui em uma das medidas fundamentais para a prevenção do *brain-drain* ou evasão de cérebros, que ocorre de modo freqüente quando jovens vão precocemente para o exterior, sem ainda ter criado vínculos com as instituições do próprio país, o que torna difícil seu retorno (8).

É óbvio que esta é a única estratégia para prevenir o êxodo de talentos. Tal fenômeno muitas vezes resulta do fato de muitos, ao retornar, não encontrarem as já mencionadas condições ecológicas essenciais para o melhor rendimento do trabalho científico (8). Caberia também, em conexão com esse problema, mencionar algo sobre a questão salarial. Neste sentido parece que as recentes medidas adotadas pelo Governo criando os regimes de Tempo Integral e Dedicação Exclusiva serão também eficazes na prevenção da migração de talentos (23).

Infere-se do exposto que, a nosso ver, a formação do potencial científico e tecnológico brasileiro deve repousar fundamentalmente na formação de quadros de pessoal altamente qualificado, diversificados em todos os campos do saber.

No particular, é de assinalar que há um notório desequilíbrio entre os números de cientistas disponíveis no Brasil nos vários campos de conhecimento (25, 26).

Assim é que, por exemplo, enquanto nas Ciências Biológicas fundamental e biomédica nosso potencial científico já é bastante rico, já em Química Básica e Tecnológica só agora é que se vai processando a formação de um número razoável de especialistas.

Longe estamos, porém, de atingir aqueles números que seriam desejáveis em função de nossa expansão econômica e população geral.

Isto se torna patente pela análise comparativa, dos dados relativos ao assunto nos países industrializados.

Há a esse respeito dois indicadores estatísticos fundamentais a considerar: o primeiro deles é o do contingente de cientistas existentes em um dado país e sua relação com o número de habitantes. O segundo é o do percentual de recursos aplicados em pesquisa e desenvolvimento e sua relação com PIB.

A inter-relação entre esses dois dados torna-se clara se considerarmos alguns índices quantitativos.

Nº Cient.	% por 10 000 hab.	valor de invest. em pesquisa e desenv.	% do PIB
EUA 297 942	666	20 bilhões US$	3,5%
Brasil 7 000	0,79	20 bilhões CR$ ant.	0,3%
Fontes	10,17		1968

Mesmo no caso de se fazer a comparação com países de industrialização média, os resultados são expressivos. Tomemos, por exemplo, a Bélgica, que investia 1% do PIB em 1963, em pesquisa e desenvolvimento e que em 1967 já contava com 9 cientistas por 10 000 habitantes, num total de 9 010. Do mesmo modo a Suécia que, em 1963, investia 1,5% do PIB, apresentava 8,3 cientistas por 10 000 habitantes, em 1967, correspondendo a um contingente de cerca de 7 000 (14, 18, 19).

Releva acentuar que difícil se torna fazer comparações entre a força de trabalho científico de diferentes países com as estatísticas disponíveis, posto que o conceito de cientista varia muito, conforme as diferentes fontes de informações. É assim que, por exemplo, de acordo com o Anuário Estatístico da UNESCO (18), incluem-se entre eles, além dos que se dedicam às Ciências Exatas e Naturais, os engenheiros e tecnólogos, e técnicos até mesmo de nível médio. Já os Relatórios da "National Science Foundation" incluem aí, ao lado das Ciências Exatas e Naturais, algumas das Ciências Humanas (Psicologia, Economia, Sociologia, Ciência Política, Lingüística e Antropologia), excluindo os tecnólogos e técnicos (10).

Tendo em vista uma programática brasileira e levando em conta os atuais níveis americanos, ou mesmo os russos (192 251 cientistas apenas nas Ciências Exatas e Naturais em 1969 segundo a UNESCO), deveríamos, por volta do ano 2000, quando atingiremos a casa dos 200 milhões de habitantes, contar com cerca de 300 000 cientistas, isto é, tanto quanto já ostentavam os EUA em 1968 (10, 18).

Para que essa já imensa brecha não se abrisse cada vez mais até lá, a inversão em pesquisas e desenvolvimento não poderia ser menor que 3,5% do PIB, o que representaria um aumento de mais de 10 vezes em relação às nossas inversões em 1968.

A esse respeito, não seria demais acentuar o papel decisivo que deve desempenhar a atividade privada nessa escalada para o progresso científico, bastando lembrar que, enquanto nos EUA a porcentagem de investimentos de origem privada era de 71% em 1963, no Brasil, no mesmo ano, ela mal suplantou 1% do total (15, 16).

De qualquer modo, considerando-se que, segundo o IBBD, nosso número de cientistas no momento é de cerca de 9 600 (27), calcula-se o nosso *deficit* atual em relação aos índices norte-americanos, em cerca de 140 000 cientistas, levando em conta nossa população, no momento estimada em 100 milhões de habitantes. Certamente será difícil cobrir, pelo menos nos próximos cinco anos, parte substancial desse impressionante *deficit*. Segundo o Plano Qüinqüenal do CNPq (11), a que já nos referimos, o esforço desenvolvido graças aos recursos dessa instituição permitiriam até o ano de 1972 a formação de apenas 2 570 cientistas, sendo 1 755 com o nível de Mestre e 815 com o de Doutor.

Já nos planos das "Metas e Bases da Ação de Governo" de 1970 (12), prevê-se que, até 1972, o potencial científico brasileiro deverá ser reforçado pela concessão de 12 000 novas bolsas de pós-graduação.

É verdade que não se sabe precisamente, e é muito difícil calcular, quanto se aplica hoje em dia no Brasil em Ciência e Tecnologia, fato aliás comum a todos os países em desenvolvimento, pelo pauperismo e infidelidade dos dados estatísticos.

Uma das principais razões para tal fato no Brasil é que as verbas para esses fins estão distribuídas no Orçamento Geral da União por uma variedade imensa de entidades, como o CNPq, a CAPES, o BNDE/ FUNTEC, Universidades Federais, auxílios diretos a Universidades privadas, Departamentos de Ciências e Tecnologia dos Ministérios, etc. Do mesmo modo, no tocante ao percentual dos orçamentos das indústrias para tais objetivos, os dados são muito imprecisos.

É alentador consignar, no entanto, que a consciência dessas necessidades está bem acordada em nosso Governo, como se depreende da leitura do programa de "Metas e Bases para Ação de Governo" (12), ainda que as previsões de investimentos sejam baixas em termos relativos tanto ao nosso PIB quanto aos níveis absolutos e relativos mundiais.

Concluindo as presentes considerações, desejamos deixar bem expresso o nosso pensamento sobre o tema que nos foi dado relatar. Entendemos que a criação do potencial científico nacional é função direta e imediata da formação de quadros de pessoal altamente qualificado. Para que se alcance essa meta, no entanto, não bastará organizar, tão-somente, de forma isolada, programas de aperfeiçoamento de pessoal de nível superior. Esta sem dúvida é medida crítica mas, se tomada sem a consideração de que ela se insere dentro de todo complexo econômico-sócio-educacional, seria o mesmo que, ao tratar de um paciente de carência nutritiva geral e plurivitamínica, se restringisse a terapêutica ao emprego de uma única vitamina, negligenciando todos os demais fatores nutritivos responsáveis pelo quadro clínico e de cuja carência resulta a doença de nosso paciente.

Há que se fazer um esforço global: expansão e melhoria da educação em todos os níveis, criação de facilidades físicas representadas por prédios, instalações e equipamentos; implantação de sólida infra-estrutura para o trabalho científico constante de bibliotecas bem dotadas de serviços adequados de documentação e informação e oficinas de construção e reparos de equipamento, oferta de condições salariais condignas, facilidades e franquias para utilização dos recursos orçamentários com desburocratização da administração universitária e científica; fiel cumprimento dos orçamentos com a entrega regular dos recursos previstos, enfim, todo um repertório de medidas adotadas simultaneamente, conforme já tivemos oportunidade de aludir.

Por último, não só uma palavra de esperança, mas sobretudo de confiança. Não deixa de ser alentador verificar que já se criou uma consciência no Governo, que se mostra cada vez mais atento a todos esses problemas. Esperemos pois que as providências prometidas se tornem realidade, único caminho capaz de nos libertar das trevas do subdesenvolvimento.

Referências Bibliográficas

1. SHILS, E. *Criteria for scientific development: public policy and national goals.* (A selection of Articles for Minerva). Cambridge, Mass. and London, Engl. The MIT PRESS. Massachussetts Institute of Technology, 1968.
2. AHBY, Eric. *Technology and the academics.* New York, MacMillan Co. Ltd, 1963.
3. DE GÓES, Paulo. A Investigação Científica: Dever Social das Universidades (Aula Magna na Universidade do Brasil). *Rev. Bras. Estudos Pedagógicos, 25*: 34-51, 1961.
4. CROUZET, M. *História Geral das Civilizações.* A época contemporânea (trad.). São Paulo, vol. 7, tomo 3. Ed. Difusão Européia do Livro.
5. UNIVERSIDADE FEDERAL DO RIO DE JANEIRO — 1971 — Plano de ação da Área de Ensino para Graduados e Pesquisa para o ano de 1971 (mimeografado).
6. POLANYI, Michael. Chicago, Phoenix Books, The University of Chicago Press, 1964.
7. DE GÓES, Paulo. *A Pesquisa na Universidade Brasileira.* (Aula Magna na Universidade Federal da Bahia.) (Mimeografado, 1971.)
8. DE GÓES, P.; DE GÓES Fº, P. & BLUNDI, A. R. N. *L'Éxode de Cerveaux; Le cas brésilien.* Projeto Unesco/ Academia Brasileira de Ciências, 1969.
9. DE GÓES, Paulo. "The significance of University Reform in Brazil". In: *Higher Education and Latin American Development,* Round tables, Assunción, Paraguay, Interamerican Development Bank, 1965.
10. NATIONAL REGISTER OF SCIENTIFIC AND TECHNICAL PERSONELL — 1968 — American Science Manpower — National Science Foundation 69-38.
11. CONSELHO NACIONAL DE PESQUISAS — 1969 — Plano Qüinqüenal (1968-1972). Desenvolvimento científico e tecnológico — Presidência da República — Rio de Janeiro.

12. PRESIDÊNCIA DA REPÚBLICA — 1970 — Metas e Bases para a Ação de Governo (síntese).
13. DE GÓES, Paulo. *The University and the development of science and technology*. Santiago do Chile, UNESCO, Conference on the application of science and technology to the development of Latin America (CASTALA), 1965.
14. OECD — 1966 — The overall level and structure for R&D efforts in OECD member countries, Paris.
15. OECD — 1965 — The research and development effort in Europe, North America and Soviet Union, Paris.
16. ORGANIZAÇÃO DOS ESTADOS AMERICANOS — 1966 — Meeting of the Inter-American Ad-hoc scientific Advisory Committee.
17. NISKIER, Arnaldo. *Ciência e Tecnologia para o Desenvolvimento*. Rio de Janeiro, Ed. Brughera, 1970.
18. UNESCO, 1969 — Statistical Yearbook.
19. UNESCO, 1969 — Desarrollo por la Ciencia.
20. DE GÓES, Paulo. Centro de Pesquisa e Treinamento Avançado. Anais da Associação Brasileira de Escolas Médicas, 1963.
21. DECRETO 63 343 de 1/10/1968 — Dispõe sobre a instituição de Centros Regionais de Pós-Graduação.
22. PARECER 77 de 10/2/1969 — Conselho Federal de Educação — Normas de Credenciamento dos Cursos de Pós-Graduação.
23. DECRETO 64 086 de 11/2/1969 — Dispõe sobre o regime de trabalho e retribuição do Magistério Superior Federal.
24. LEI 4 533 de 8/12/1964 — Reestrutura o Conselho Nacional de Pesquisas.
25. CONSELHO NACIONAL DE PESQUISAS — Relatórios Anuais de 1960 a 1970.
26. CONSELHO NACIONAL DE PESQUISAS — "Bibliografias Brasileiras" — IBBD.
27. CONSELHO NACIONAL DE PESQUISAS — Informação da Divisão Técnico-Científica.
28. DECRETO-LEI 719 de 31/7/1969 — Cria o Fundo Nacional de Desenvolvimento Científico e Tecnológico e dá outras providências.
29. DECRETO Nº 59 676 de 6/12/1966 — Estatuto do Magistério Superior.
30. DECRETO-LEI Nº 53 de 18/11/1966 — Fixa princípios e normas de organização para as Universidades Federais e dá outras providências.
31. DECRETO Nº 252 de 28/2/1967 — Estabelece normas complementares ao Dec.-Lei nº 53, de 18/11/1966 e dá outras providências.
32. LEI Nº 5 539 de 27/11/1968 — Modifica dispositivos da Lei nº 4 881-A de 6/XII/1965, que dispõe sobre o Estatuto do Magistério Superior, e dá outras providências.

33. DECRETO-LEI Nº 465 de 11/2/1969 — Estabelece normas complementares à Lei nº 5 539 de 27/11/1968 e dá outras providências.
34. LEI Nº 5 540 de 28/11/1968 — Fixa normas de organização e funcionamento do Ensino Superior e sua articulação com a escola média e dá outras providências.
35. DECRETO-LEI Nº 464 de 11/2/1969 — Estabelece normas complementares à Lei nº 5 540 de 28/11/1968 e dá outras providências.
36. DECRETO-LEI 655 de 27/6/1969 — Estabelece normas transitórias para a execução da Lei nº 5 540, de 28/11/1968.
37. DECRETO-LEI Nº 749 de 8/8/1969 — Estabelece normas transitórias para a execução da Lei nº 5 540 de 28/11/1968.

CRIAÇÃO DO POTENCIAL CIENTÍFICO NACONAL II

1. *Introdução*

A política científica é componente nova dos quadros da política mundial.

Foi em 1963 que a OCDE (Organização de Cooperação e Desenvolvimento Econômico) reuniu, pela primeira vez, uma Conferência de Ministros responsáveis pelos assuntos científicos dos países a ela filiados, para tratar da "Ciência e a política dos Governos" (4). A Conferência tinha como objetivo estabelecer as bases de uma política científica, através de instituições adequadas e com vistas a um equacionamento conveniente do papel da pesquisa científica na sociedade moderna. Cerca de três anos após, reuniram-se, de novo, os Ministros responsáveis pelos assuntos científicos dos países interessados e anunciaram que enormes progressos tinham tido lugar no tocante ao assunto. Dos vinte e um países participantes * a maioria dispunha já de mecanismos especiais para tratar da política científica, considerada setor de destaque entre as atribuições governamentais. De acordo com as palavras de Salomon (6), em três anos a política científica, nos países-membros da OCDE, passara "do geral ao particular, do teórico à experiência concreta, do estádio de recomendações institucionais ao da prática cotidiana".

Enquanto em 1963 era dito que a política científica deveria ter o sentido de apoio à pesquisa e à utilização de seus resultados, distinguindo-se no conteúdo uma política *a serviço da ciência* e uma outra *por meio da ciência,* pode-se afirmar que, hoje, não existe mais a distinção uma vez que a atitude dos Governos é a de sustentar a investigação, porém participando dela através de uma planificação que tenha em conta objetivos de interesse nacional. Em outras palavras, cada país pode pensar em planejar a evolução da sua pesquisa científica, dentro de um contexto político.

É preciso considerar, por outro lado, que a inovação tecnológica aparece como uma conseqüência do desenvolvimento científico, constatação que assume extrema gravidade para os países em vias de desenvolvimento. De fato, se, como afirmou Cooper (2), até o começo deste século a ciência recebia da técnica uma contribuição equivalente à que lhe dava, a situação foi invertida em nossos dias, e agora a ciência passou a ser promotora da inovação tecnológica, sendo possível afirmar que as indústrias de significação para o desenvolvimento criam-se impulsionadas pelas descobertas científicas.

(*) Alemanha (República Federal), Áustria, Bélgica, Canadá, Dinamarca, Espanha, Estados Unidos, França, Grécia, Irlanda, Islândia, Itália, Japão, Luxemburgo, Noruega, Países Baixos, Portugal, Reino Unido (Inglaterra), Suécia, Suíça e Turquia.

Se, pois, a política científica pode e deve ser planejada, cabe perguntar qual o seu objetivo nos países desenvolvidos, e, também, em que extensão esse objetivo pode ser visado pelos países em vias de desenvolvimento.

Freeman (3) classifica em cinco categorias principais os motivos de encorajamento da política científica, a saber: a) militares, b) de prestígio, c) econômicos, d) sociais, e) de progresso da ciência pela própria ciência, ou puramente científicos.

As categorias apontadas integram, comumente, o planejamento da política científica dos vários países, a qual pode ser definida como o resultado da soma das políticas seguidas pelo respectivo governo no conjunto dos setores pelos quais se interessa.

Nas nações em vias de desenvolvimento, os objetivos econômicos e sociais são (ou deveriam ser) aqueles merecedores da maior atenção, dado o fato de estarem tais países fora das arenas de competição no tocante a prestígio e objetivos militares ou fora da possibilidade de aplicação de capitais para a valorização da ciência pela ciência.

2. O preço da pesquisa

Recentemente Ozório de Almeida (5) apreciando os conceitos de "desenvolvimento" e "subdesenvolvidos" afirmou que a definição "menos ruim" é aquela que se faz em termos de renda *per capita*, admitidos como subdesenvolvidos os países que a têm inferior a 100 dólares anuais *, no limiar do desenvolvimento; 700 dólares, e desenvolvidos, acima de 1 000, sendo de notar que os sete países considerados mais avançados ** têm renda *per capita* anual superior a 2 000 dólares.

Essa simples colocação do problema traz à consciência a presença de um dilema nos países subdesenvolvidos: para romper o subdesenvolvimento necessitam

(*) Aos preços de 1967.
(**) Austrália, Canadá, Dinamarca, Estados Unidos, Islândia, Suécia e Suíça.

de uma revolução científica e tecnológica a qual exige recursos financeiros que, por escassos ou inexistentes, não são de molde a promovê-la.

A atividade de pesquisa científica é, no século XX, muito dispendiosa e os gastos são decorrentes de dois mecanismos que convergem: o do custo das instalações e equipamentos que não podem entrar em obsolescência, e o do cientista, mão-de-obra indispensável ao progresso da investigação.

O encarecimento dos programas de pesquisa científica nos países adiantados é alarmante: na Grã-Bretanha, por exemplo, entre 1955 e 1964, o orçamento da investigação civil passou de 300 a 750 milhões de libras esterlinas, enquanto, nos Estados Unidos, aumentou à taxa de 16% ao ano.

Se é bem verdade que programa de investigação científica não se faz, apenas, com dinheiro, não é menos verdade que este vem sendo fator quase decisivo na captação dos elementos humanos necessários à tarefa.

O cérebro humano é, hoje mais do que nunca, o elemento decisivo para o sucesso dos programas em que se visa ao progresso científico e tecnológico. "Matéria-prima" essencial, e disponível, em tese, em todas as nações do mundo, o indivíduo exige, entretanto, para se transformar no "produto acabado", útil ao desenvolvimento, um tratamento longo e custoso, representado pela educação levada a seus graus mais sofisticados. Ainda um aspecto há de ser considerado: a evolução científica só se realiza quando há uma massa crítica de cientistas capacitados, criando verdadeiro ambiente propício às atividades intelectuais ligadas à pesquisa.

2.1. EQUACIONAMENTO NO MUNDO SUBDESENVOLVIDO

Considerando as exigências referidas para o desenvolvimento de pesquisa fértil, os países em vias de desenvolvimento apresentam as seguintes coordenadas a ela contrárias:

a) condições educacionais inadequadas para a formação de elite numerosa de cientistas, em quaisquer dos campos da ciência;

b) laboratórios pobres e mal equipados, constituindo ambiente pouco favorável à absorção dos elementos que chegam a conseguir capacitação altamente diferenciada;

c) possibilidades reduzidas de oferecer remuneração atraente para cientistas de outros países, que poderiam servir de pólo de desenvolvimento.

As estruturas educacionais são, a um tempo, condição e resultado das estruturas sócio-econômicas. Exigindo investimentos ponderáveis para que possam atender, em número e qualidade, às necessidades das populações, ficam, na maior parte dos casos, aquém de suas metas teóricas, oferecendo um "produto acabado" insuficiente para as exigências do desenvolvimento. Quando num esforço significativo o país em causa consegue formar o indivíduo altamente diferenciado, geralmente no estrangeiro, corre o risco de vê-lo subutilizado por não encontrar oportunidade para aplicar seus conhecimentos, se estes são muito sofisticados para a média do ambiente, situação que constitui tentação para o êxodo.

Se os países referidos pudessem oferecer remuneração atraente para elementos alienígenas de alta capacitação científica, haveria, simultaneamente, maiores possibilidades de fixar os próprios nacionais.

Vale a pena observar que a grande riqueza de "cérebros", disponível nos Estados Unidos foi, e continua sendo, alcançada através das correntes imigratórias de "sábios" originários de várias partes do globo. A política norte-americana, nesse sentido, é perfeitamente clara, pois que lá são recebidos como imigrantes homens qualificados, qualquer que seja a sua origem, enquanto é recusada a entrada no país a trabalhadores sem diferenciação, sejam quais forem suas pátrias.

A outra face da medalha do enriquecimento pela entrada de cérebros num país é a do empobrecimento de um segundo, pela saída dos mesmos cérebros, o discutido *brain-drain*. Ao longo da história é possível observar os efeitos da imigração dos sábios, a qual sempre favoreceu o desenvolvimento das regiões para onde se mudaram; entretanto, não há anterior equivalente da movimentação atualmente notada entre os cientistas e os técnicos altamente qualificados. Os dados estatísticos relativos à perda de "cérebros", particularmente no Canadá e na Suíça (dois países altamente desenvolvidos), são quase incríveis. Na Inglaterra, segundo Lord Bowden (1), o êxodo de cientistas e engenheiros após a Segunda Guerra Mundial correspondeu a uma perda de capital equivalente (se não maior que) ao total da ajuda devida ao Plano Marshall.

Se, considerada em números absolutos, a perda não é tão grande nos países em desenvolvimento (devido aos escassos contingentes de indivíduos de alta diferenciação), ela é igualmente dramática. Cabe ressaltar a situação catastrófica que se instala quando o país pobre, num esforço gigantesco, decide forçar a chegada do progresso e dedica ponderáveis parcelas de seu orçamento à formação de contingentes superiores que o abandonam, uma vez qualificados. Foi o que se deu na Índia que, durante muitos anos, aplicou cerca de 40% de seus recursos de pesquisa no setor de Física Nuclear e que viu todos os seus físicos, que se contavam entre os melhores do mundo, abandonarem seu território, um após outro. Pode-se afirmar que, para uma nação em que é escassa a elite científica adequadamente formada, a perda de um único cientista, de um único pesquisador especializado, representa perda irreparável. Como, porém, impedi-la?

2.2. *KNOW-HOW* IMPORTADO, OU PESQUISA PRÓPRIA?

Sabido que a tecnologia tanto pode ser importada quanto criada no local, trazendo, em ambos os casos, benefícios econômicos e, admitido em princípio que os países subdesenvolvidos estarão sempre em nível inferior aos dos desenvolvidos quando se trate de implantar novas indústrias ou abrir linhas inovadoras de pesquisa, é lícito perguntar se não é mais sábio para estes usufruir os benefícios de uma tecnologia pré-fabricada cujo custo não representa o risco encontrado nos investimentos ligados à investigação.

A decisão, se econômica, indicaria a vantagem do uso de *know-how* importado; se tomada em termos de valores culturais e de soberania nacional, exigiria o investimento para pôr em ação a capacidade do país para resolver seus próprios problemas, isto é, exigiria o investimento em pesquisa para criar a consciência do poder de nação independente, não caudatária obrigatória de cultura estrangeira. A segunda alternativa — única compatível com a dignidade de um país civilizado e livre — precisa ser tomada dentro de parâmetros justos, não falseada por preconceitos de auto-suficiência ilimitada. Um dos importantes resultados da escolha da segunda alternativa é manter um potencial científico de pesquisa autônoma capaz de, sob o impacto da necessidade, realizar esforços que levem ao equacionamento dos desafios internos que só o próprio país terá condições de solucionar. Para as ocorrências do dia-a-dia, a decisão sábia é aquela que consiste em manter o equilíbrio entre "a necessidade de autonomia interna da ciência, e as aspirações das coletividades em beneficiar-se dos frutos da pesquisa", realizada por quem quer que seja. Em outras palavras, cada nação pode usufruir as conquistas culturais, científicas ou tecnológicas das demais, desde que preserve a sua independência no sentido de dispor de um potencial próprio para a criação de inovações nos vários setores de seu interesse.

3. *O cientista que devemos formar*

A consciência de que devemos possuir um potencial científico adequado às tarefas internas do desenvolvimento nacional impõe uma série de considerações que devem constituir a preocupação dos dirigentes responsáveis pela formação das elites intelectuais do país. Estes responsáveis precisar ter, como substrato de suas atividades, uma clara visão dos grandes objetivos da política científica da Nação; devem, ademais, conhecer profundamente as estruturas educacionais para equacionar, nesse contexto, a formação dos cientistas imprescindíveis à realização da política objetivada. Não é tudo: formado, o cientista precisa encontrar ambiente adequado à sua qualificação, fator que dita ao país opções imediatas no campo das aplicações de recursos, reduzidos, sempre, em regiões em vias de desenvolvimento, e sempre insuficientes para o atendimento de todas as exigências que se apresentam como prioritárias.

3.1. A EDUCAÇÃO DE BASE

A formação do cientista começa muito antes que ele possa ter conhecimento da existência da Ciência. Começa quando, pela educação, prepara-se a criança para as atividades do pensamento, nestas incluída a observação interrogativa da natureza. Para o desenvolvimento da capacidade de pensar, e pensando chegar o indivíduo a interessar-se pelos fenômenos que o rodeiam, tem importância o ambiente em que evolui, impregnado ou não do respeito pelos valores da ciência e de suas aplicações tecnológicas. O sentido crítico, a avaliação das ocorrências, devem ser hábitos permanentemente estimulados. A formação científica, seja ela nos cursos fundamentais, nos médios, ou nos superiores, mais que uma informação minuciosa a respeito de disciplinas científicas, deve ser tomada no sentido de um método para alcançar o conhecimento, do desenvolvimento de uma capacidade de fazer perguntas e formular respostas, analisando a validade destas. Como em ciência a única resposta válida é oferecida pelos fatos, pelos fenômenos observados e controlados pelo cientista, impõe-se a necessidade do domínio da técnica para a realização prática de atos que levem a conclusões que respondam, de alguma forma, às perguntas feitas. Disse Whitehead (7) que "a Ciência é quase inteiramente o resultado da curiosidade intelectual"; despertar, atualizando-o, o potencial de curiosidade intelectual dos jovens, predispondo-os a assumir as tarefas futuras da pesquisa científica deveria ser um dos grandes objetivos dos cursos médios e superiores.

Até há pouco tempo, isto é, antes da formulação da chamada "Reforma Universitária", a estrutura de nosso ensino não apresentava características próprias para estimular o aparecimento do cientista, do pesquisador. Voltada inteiramente para a formação profissional, oferecia aos jovens que a seguiam a opção única de qualificar-se para exercer atividades predeterminadas, dentro de um quadro de referências em que os "serviços" à coletividade assumiam o grande papel. Foi dentro desse "quadro de referências" que algumas profissões assumiram importância constituindo-se em atrativo especial para a sociedade que, mal informada das possibilidades que tinha de constituir-se em potencial valioso para as conquistas da ciência e da técnica, optava pela fórmula simples de adquirir informações, habilidades e atitudes, para tarefas mais ou menos rotineiras, embora de alta validade social. Foi casual e esporádico o aparecimento de cientistas na comunidade brasileira. Formaram-se pesquisadores à margem das coordenadas da graduação universitária, impulsionados, quase sempre, por uma vocação irresistível que os lançava para uma especialização tardia em setor restrito da educação que tinham recebido na escola. Para ter o direito de dedicar-se a atividades de pesquisa em disciplinas básicas, tais como por exemplo a Microbiologia, a Bioquímica ou a Física, os indivíduos tinham que submeter-se a cursos que os levassem a uma graduação profissional, médica, farmacêutica ou de engenharia. A fórmula, sem dúvida, apresentava inúmeros inconvenientes, dos quais não era o menor o desperdício de tempo e recursos.

A consciência das imposições da Ciência moderna está na raiz da atual estrutura proposta, no Brasil, para a formação dos seus quadros superiores. É evidente que o país lutará ainda algum tempo contra o tradicionalismo arraigado e contra preconceitos centenários; é provável que as rígidas e esclerosadas estruturas de um ensino superior não vivificado pela seiva da pesquisa científica, que não o integrava senão excepcionalmente, venham a mostrar-se rebeldes à adaptação de novos modelos flexíveis e versáteis. Foi lançada, entretanto, a ponte da esperança entre o passado (ainda mesmo que de ontem) e o futuro, de que se esperam messes de grande riqueza.

Só a reforma do ensino, entretanto, não terá poder para modificar a posição assumida pelas coletividades, quando buscam ingresso na Universidade. Também é preciso que dentro da própria Universidade haja uma modificação de atitude, criando-se um clima favorável para o florescimento do "espírito científico".

O grupo docente será o grande responsável por essa alteração no quadro de valores internos da Universidade. É dele que o país espera a atuação que irá levá-lo à realidade de uma soberania nacional em alicerces sólidos, de capacidade para criar conhecimentos e inovar na tecnologia. O Brasil, num esforço de gigante, está tentando aplainar os caminhos para que os docentes universitários venham a constituir aquela comunidade ideal, voltada inteiramente para os valores da cultura de seu século, em que Ciências da Natureza, Ciências Exatas, Ciências Sociais e Humanas estão inseridas sem escalonamento hierárquico. A dedicação exclusiva dos docentes à causa da Ciência, supõe-se a condição primeira, embora não única, para a realização de investigação científica que, observada pelos estudantes, poderá motivá-los para a decisão de se tornarem pesquisadores.

Se é passível de discussão a conveniência de que a pesquisa científica relacionada com objetivos de política científica nacional deva ser realizada nas instituições universitárias, ninguém levanta dúvidas sobre a necessidade de que a pesquisa científica como elemento de formação das elites deva ser praticada na Universidade.

3.2. A FORMAÇÃO DOS DOCENTES

"Só se aprende a fazer, fazendo" é provérbio popular de grande sabedoria, que, acoplado à idéia de que "só o conhecido é desejado", leva-nos à evidência da necessidade de que a investigação científica deva ser atividade rotineira da vida universitária.

Foi só na segunda metade do século XIX que a Universidade passou a cogitar de pesquisa científica, e isso foi objeto de amplas discussões nas tradicionais universidades européias. A introdução pioneira da pesquisa nos centros de estudos superiores, teve lugar nos Estados Unidos, embora essa nação continuasse até cerca dos meados do século XX a realizar, apenas, pesquisas na área das Ciências Aplicadas, fazendo apelo à Europa para a disponibilidade de dados relativos às ciências fundamentais. Não é de admirar, portanto, que a jovem Universidade Brasileira não tenha encontrado, senão neste momento, a encruzilhada que irá levá-la aos terrenos férteis da criação de conhecimento.

O novo caminho que ela deverá seguir apresenta algumas dificuldades entre as quais convém salientar a da formação adequada dos seus quadros docentes. O docente deve ser formado com capacitação para fazer progredir a Ciência, no seu campo especializado, porque só assim terá suporte a teoria de que a Universidade formará para amanhã o potencial científico de que o país tem necessidade.

A etapa preliminar, portanto, para a criação dos quadros de cientistas altamente capacitados de que o Brasil precisa é, a nosso ver, a da qualificação dos quadros docentes universitários em exercício, visados principalmente os docentes que, pela idade, oferecem uma perspectiva de longos anos de serviços ao ensino.

A tentativa de estimular, no país, a implantação de cursos de pós-graduação é reflexo da consciência da necessidade de criar instrumentos válidos para a formação correta dos indivíduos dedicados ao ensino. Coloca-se dessa forma, como pedra de toque dos cursos de pós-graduação, a presença de espírito científico na abordagem dos problemas e, completando essa atitude, a capacidade de montar esquemas de investigação científica para a procura de respostas aos problemas desafiantes.

Assim, nos cursos de "mestrado" e "doutorado" a tarefa de pesquisa terá como característica principal o ser *meio de formação* significando, de certo modo, um treinamento supervisionado para a aquisição da habilidade de dar nascimento, mais tarde, a projetos de pesquisa cujos resultados venham a constituir *meta* a ser alcançada.

O professor universitário é elemento de especial relevo, no potencial científico da nação. Capacitado, tanto para orientar futuros pesquisadores, como para realizar pesquisa, para assumir o papel que lhe destinou o país, precisa estar possuído de profundo espírito de patriotismo.

Poderia parecer descabida a exigência desse "ingrediente" na personalidade do pesquisador. Uma simples reflexão mostrará que não o é. O cientista é o dínamo do desenvolvimento. De sua capacidade criadora depende uma série de iniciativas ligadas ao progresso científico, as quais, se tomadas em seu próprio país, poderão erguê-lo, mas se canalizadas para outros já mais poderosos, promoverão o alargamento do fosso que separa aqueles deste.

O conceito de patriotismo implica na idéia de comprometimento do indivíduo para com a própria pátria, o que sugere respeito pelo passado, atuação válida no presente, e engajamento nas perspectivas do futuro. É no conteúdo desse patriotismo que reside a única esperança de desenvolvimento para os países pobres, onde, no trabalho, os cientistas enfrentam percalços inexistentes nas economias de abundância, e onde na vida cotidiana não encontram os aplausos nem os estímulos desejáveis.

A afirmativa de que a principal causa do êxodo de cientistas nos países de economia retardatária é a falta de remuneração adequada pelos serviços prestados só é válida à luz da falta de patriotismo. Se o salário do homem de ciência no país pobre é inferior ao que ele receberia pelo mesmo trabalho num país rico, uma análise se impõe: a do salário médio da população de seu país, o qual deverá servir de parâmetro para a avaliação do "valor" atribuído a sua tarefa.

3.3. OS QUADROS DE PESQUISADORES

Seria impossível estabelecer, *a priori,* qual o número de pesquisadores necessários a um determinado país. Qualquer dimensionamento traduziria especulação. Uma coisa, porém, é certa: "a revolução científica só ganha corpo nos ambientes em que existem previamente ... efetivos de professores, de sábios e de técnicos capazes de utilizar e desenvolver conhecimentos especializados" (6), afirmativa que insinua a importância de uma massa crítica de elementos qualificados, como pré-requisito para o salto do desenvolvimento científico.

No Brasil, estamos longe de alcançar essa massa crítica, fato que leva o país a clamar pelo aumento de seus efetivos científicos. Não nos iludamos, porém. Não será do simples aumento do número de diplomados em cursos superiores, particularmente de cursos vinculados a profissões tradicionais, que irá surgir o contingente de pesquisadores e cientistas de que o Brasil precisa. O mecanismo de formação deve ser outro e ele já está possibilitado pela letra da reforma Universitária.

As estatísticas indicam que 90% dos efetivos científicos do mundo estão localizados nos países desenvolvidos o que leva à dedução de que os subdesenvolvidos têm, por habitante, cerca de 30 vezes menos cientistas. Portanto, se aumentarmos de 20 a 30 vezes, imediatamente, os nossos quadros científicos, estaremos dentro de uma perspectiva de desenvolvimento ...

4. Conclusão

O Brasil está plenamente consciente, tanto da necessidade de desencadear batalha para a efetivação de política científica que acelere o seu progresso, quanto das dificuldades que deverá enfrentar para vencer na luta.

Entre os instrumentos que pretende utilizar para formar, aperfeiçoar e ampliar os seus quadros científicos, encontra-se, numa primeira etapa, o da implantação da Reforma Universitária e, simultaneamente, o do estímulo a instituições tais como a CAPES, o CNPq, a FAPESP e outras análogas que se encarregam do apoio aos elementos graduados que desejam prosseguir na trilha da formação científica.

Referências Bibliográficas

1. BOWDEN, Lord. "Science et politique aujourd'hui in OCDE — *Problèmes de politique scientifique*. Paris, 1968, p. 31.
2. COOPER, Charles. "La science et les pays en voie de développement" in *loc. cit.* ref. (1), p. 174.
3. FREEMAN, Christopher. "Science et économie au niveau national" *in* OCDE — *Problèmes de politique scientifique*. Paris, 1968, pp. 59-60.
4. OCDE. *Problèmes de politique scientifique*. Paris, 1968, p. 8.
5. OZÓRIO DE ALMEIDA, Miguel Alvaro. Os subdesenvolvidos perante o mundo. *O Estado de São Paulo*, (Brasil), 5/IX/1971.
6. SALOMON, J. J. Compte rendu du séminaire de Jouy-en--Josas, (France), 19-25/II/1967. Pub. OCDE.
7. WHITEHEAD, Alfred North. *Os fins da educação*. Trad. CARVALHO, Leônidas Gontijo, S. Paulo., Cia. Ed. Nacional, ed. Univ. S. Paulo, 1969, p. 57.

EDUCAÇÃO PERMANENTE E NOVAS TECNOLOGIAS EDUCACIONAIIS

1. *O sistema de educação permanente*

Na década dos 70 surgirão, em alguns países, os primeiros sistemas de educação permanente, imposição do vertiginoso progresso da Ciência e da Tecnologia. A implantação desses sistemas de educação permanente só se tornará possível na medida em que se processe radical mudança da tecnologia educacional usada atualmente. Desse novo tipo de educação, por seu turno, dependerá a criação do potencial científico das nações que, em última análise, definirá a sua posição relativa no mundo do futuro.

A necessidade de implantação de um sistema de educação permanente, proclamada incessantemente por todos aqueles que acompanham e compreendem a evolução das sociedades modernas, é exigência natural do mundo dinâmico e complexo em que vivemos.

A verdadeira "explosão do conhecimento" ocorrida nas últimas décadas, acompanhada por maior rapidez na transposição, para o setor produtivo e para a vida cotidiana, de seus resultados, impõe a atualização do homem para trabalhar e, até, simplesmente para viver, neste maravilhoso mundo novo que nos surpreende a todo instante.

A necessidade dessa atualização constante já é sentida por todo aquele que deseja aproveitar mais plenamente o seu potencial intelectual. Esse sentimento individual, até há pouco restrito a uma minoria, está começando a disseminar-se. Além disso, os administradores das nações modernas, sensibilizados pela importância crescente da qualificação média da população, seu poder criador e transformador, compreenderam que na extensão e aperfeiçoamento da educação está a chave para o desenvolvimento sócio-econômico harmônico, acelerado e auto-sustentado.

Na realidade, a implantação de um sistema de educação permanente será a organização, institucionalização e generalização de algo que já se faz naturalmente, de forma assistemática, por parcelas ainda reduzidas da população, de mais alto nível educacional, a custos geralmente elevados. Na realidade, não há profissional ou cientista que, nos últimos anos, não tenha sentido essa necessidade de aperfeiçoamento constante e de incursões intelectuais por campos novos do conhecimento ou aqueles que sofreram modificações muito profundas.

O surgimento do desejo de implantar um sistema de educação permanente faz-se em paralelo com sua notória transformação quanto à clientela que atende. A educação está passando de processo destinado a parcelas reduzidas da população para processo universal, de massa. Não se concebe hoje, por várias razões de caráter econômico, social, político e cultural, que qualquer camada da população, na faixa etária tradicionalmente tida como escolarizável, fique impedida de ingressar no sistema educacional. O corolário é óbvio: em breve, todos aqueles contidos na faixa etária que vai desde o limiar do aprendizado até o final da vida ativa estarão, de alguma forma, dentro do sistema educacional.

Pesadas as tendências da sociedade moderna e do próprio setor educacional, parece-nos, pessoalmente, que esse sistema terá maior viabilidade caso seja implantado conforme está descrito adiante (Fig. 1).

SISTEMA DE EDUCAÇÃO PERMANENTE

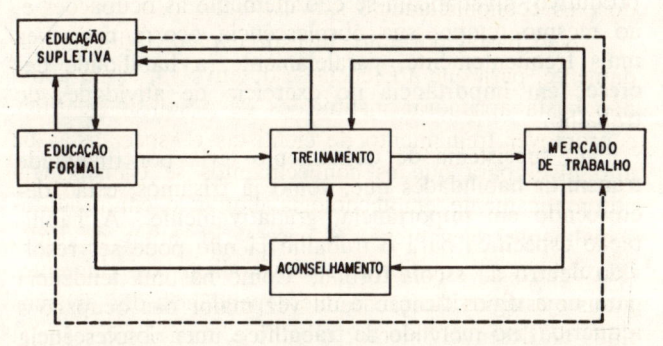

Fig. 1

Esse sistema de educação permanente está idealizado para ser composto por dois subsistemas (o subsistema de educação formal e o subsistema de treinamento) e dois mecanismos (mecanismo de aconselhamento e mecanismo de ensino supletivo). O subsistema de educação formal especializar-se-ia — se é que se pode dizer assim — em educação geral, concentrando-se na transmissão do conhecimento e de toda a escala de valores, atitudes, etc., indispensáveis à vida em comum. O ensino de caráter geral, visando à transmissão de conhecimentos e valores, tende, em todo o mundo, a abranger período de tempo cada vez maior. Mesmo na maioria dos países subdesenvolvidos, nos oito primeiros anos, a educação já é nitidamente de caráter geral, não-profissionalizante. No Brasil, uma vez concretizada a recente reforma do ensino primário e médio, por exemplo, na realidade, até o fim do ciclo básico da Universidade, o ensino terá características de ensino geral, embora disponha de saídas profissionalizantes, ao nível colegial. É claro que não se trata ainda, no caso, da educação geral mais adequada, em termos de conteúdo. Mas os quatorze primeiros anos da educação, para aquele que queira tornar-se um profisional, são nitidamente voltados para a transmissão de conhecimento. E é natural que assim se faça: a educação está recebendo encargos cada vez maiores no que concerne à transmissão de valores; a importância do conhecimento cresce vertiginosamente no mundo produtivo; diversificam-se enormemente as ocupações e, ao mesmo tempo, sua obsolescência ocorre cada vez mais freqüentemente; paralelamente, a habilidade decresce em importância no exercício de atividades de trabalho.

O subsistema de treinamento teria por finalidade transmitir habilidades que, como já frisamos, estão decrescendo em importância, gradativamente. A habilitação específica para o trabalho já não pode ser resolvida dentro da escola formal. Como há uma tendência para uma diversificação cada vez maior das ocupações requeridas no mercado de trabalho e uma obsolescência cada vez mais rápida das habilitações adquiridas, a opção de transmitir habilidades no sistema de educação formal se tornará cada vez mais inviável: a única alternativa é fazê-lo dentro de um sistema de treinamento que inclua, além dos órgãos que usualmente nele trabalham, as próprias unidades de produção da sociedade considerada. Só estas, em função de suas atividades normais de produção, possuem as necessárias economias de escala e economias externas, capazes de assegurar a transmissão de habilitação com viabilidade econômica. É claro que estamos nos referindo à profissionalização de boa qualidade porque, se o equipamento obsoleto não é substituído e o professor não recebe reciclagem periódica, é evidente que a operação se torna imediatamente possível sob o ponto de vista econômico, mas o produto obtido no processo educacional não possui a qualidade adequada e portanto, a longo prazo, será também um fracasso econômico. É provavelmente este fracasso mediato que caracteriza a frágil educação profissionalizante do presente, em quase todos os países. A necessidade de as empresas se tornarem agentes educacionais ainda não é sentida nem consentida pelos empresários, cuja visão do problema está totalmente destorcida pelo fato de que as deficiências na qualificação daqueles que deixam o sistema de educação, como estruturado atualmente, para ingressar no mercado de trabalho, estão mascaradas. Uma pesquisa sobre as perdas decorrentes da falta de qualificação dos elementos recém-saídos dos bancos escolares para as unidades de produção, confrontadas com os dispêndios que seriam necessários para tornar a unidade de produção também uma agência de treinamento, certamente demonstrariam a validade de nossa tese. Indicações nesse sentido já existem e são flagrantes.

Todo aquele que deixasse, em qualquer nível, o subsistema de educação formal deveria, idealmente, passar ao sistema de treinamento através de um mecanismo de aconselhamento. Esse aconselhamento se faria tendo em vista o *background* educacional do indivíduo considerado, suas aptidões e aspirações, sempre com uma visão social da sua problemática individual, isto é, considerando as vagas existentes no mercado de trabalho. Examinados e ponderados todos esses aspectos em questão, o indivíduo seria encaminhado para uma das várias opções, cabíveis no seu caso, para fins de treinamento para o trabalho. Concluído o treinamento, sempre o mais rápido que o permitem as circunstâncias, o indivíduo estaria capacitado a ingressar no mercado de trabalho (em certos casos este mercado seria a própria empresa na qual ele foi treinado). É claro que sempre que fosse considerada necessária uma volta ao sistema de treinamento, para fins de aperfeiçoamento (e, portanto, promoção na escala ocupacional, ou retreinamento para recuperação de posição real na escala ocupacional, perdida por força de obsolescência das habilidades adquiridas), isso se tornaria viável facilmente.

Caso o indivíduo que estivesse desempenhando uma função qualquer sentisse que, por força da sua vivência, — do autodidatismo, da influência dos meios de comunicação de massa, da imprensa, do livro, etc. — tivesse progredido na escala do conhecimento, poderia obter o reconhecimento formal desse progresso através da prestação de exames dentro do mecanismo de ensino supletivo. Talvez, em certos casos, a passagem nesse exame incentivasse a volta do indivíduo ao sistema de educação formal para progredir, ainda mais, na escala do conhecimento. Isso seria não só viável como, também, desejável. É claro que toda essa permeabilidade potencial entre os vários componentes do sistema só terá as conseqüências positivas que a justifiquem se os fluxos se estabelecerem. Isto dependerá, em grande escala, da disseminação de uma mentalidade totalmente nova no seio das empresas (em sentido amplo), capaz de reconhecer o real valor da educação e do treinamento para o aumento da produtividade, bem como seu papel social de preenchimento das aspirações individuais daqueles que trabalham.

Todos os países já dispõem de um sistema de educação formal e de vários órgãos fazendo treinamento, incluindo algumas empresas; a maioria tem um mecanismo de ensino supletivo. Apenas o mecanismo de aconselhamento é que, geralmente, só existe em escala considerável nos países desenvolvidos. Desse modo é fácil verificar que, para estruturar o sistema proposto, o esforço necessário não será, em termos econômicos, dos mais ponderáveis porque ele pode prescindir do aconselhamento, presumo. O que é necessário é tomar a decisão de fazê-lo e perseguir essa meta racional e corajosamente, ultrapassando os obstáculos naturais que se anteporão à consecução desse objetivo.

Mas, se é fácil estruturar esse sistema de educação permanente, para atender a uma parcela limitada da população, pergunta-se, igualmente, se ele pode ser universalizado, isto é, se todos aqueles entre três e sessenta e cinco anos poderão, realmente, usufruir os benefícios dele derivados. Estará a educação preparada para isso? A resposta é, certamente, não!

2. *As grandes questões educacionais*

A educação vive, ainda hoje, imersa em inúmeras controvérsias aparentemente impossíveis de solucionar. São exemplos dessas controvérsias sabermos se a educação deve ou não ter a sua expansão rigidamente condicionada pelas necessidades de mercado de trabalho e, ademais, qual a adequada complementaridade a perseguir entre a educação geral e a educação profissionalizante. A estruturação do sistema de educação permanente proposto resolveria esses dois problemas: a complementaridade entre a educação geral e a educação profissionalizante fica bastante clara e é um dos pressupostos do sistema estruturado conforme descrito; no que concerne ao mercado de trabalho, o fato de o treinamento dar-se em grande parte, na empresa, havendo possibilidades de rápido aperfeiçoamento e retreinamento, implica em ajustamentos automáticos da qualificação dos indivíduos às necessidades do mercado de trabalho.

Mas se o sistema de educação permanente resolve essas duas questões, não é capaz, por si só, de resolver duas outras, de igual importância: o aparente dilema entre quantidade e qualidade e a aparente impossibilidade, observada em quase todos os países, de arcar com o ônus da expansão quantitativa da educação, de modo a atender a todas as classes sociais e a todas as faixas etárias de suas populações.

Essas duas questões estão ligadas, em nosso entender, a um problema que procuraremos enfatizar agora: a educação é um vasto artesanato que sobreviveu à Revolução Tecnológica.

O enorme prestígio de que desfruta a educação foi, em grande parte, decorrente da ação dos economistas. Foram suas pesquisas correlacionando educação e desenvolvimento, mostrando as altas taxas de retorno dos investimentos educacionais e identificando o "fator residual", responsável pela maior parcela do crescimento econômico, que despertaram a nova atitude em relação à educação.

Ao mesmo tempo são os economistas, também, os responsáveis por grande parte do movimento de contestação que cerca a educação.

Tal circunstância justifica-se plenamente. Uma análise do setor educacional segundo o *approach* dos economistas revelará fatos surpreendentes.

Consideremos o setor educacional como um setor de produção.

Quais as suas características econômicas básicas? Em termos relativos, não há escassez da matéria-prima empregada neste processo de produção. Ao contrário, em todo o mundo, há subutilização dessa matéria-prima que tem, como uma de suas características, a perecibilidade. Grande parte dessa matéria-prima, abundante em todo o mundo, aproxima-se do seu estado perecível sem utilização alguma ou com insuficiente aproveitamento. Esse não-aproveitamento decorre principalmente da falta de mão-de-obra (professor).

Este processo de produção é altamente intensivo em mão-de-obra (uma unidade de mão-de-obra consegue tratar anualmente de 5 a 35 unidades de matéria-prima); esta mão-de-obra recebe uma remuneração, em termos relativos, muito baixa, embora tenha que ser, idealmente, altamente especializada; de um modo geral esta mão-de-obra tem que exercer tarefas repetitivas, monótonas e não encontra tempo disponível para atualizar-se e desenvolver sua criatividade; o trabalho nas unidades de produção respectivas é penoso; a ergonomia ainda não conseguiu penetrar os umbrais das escolas (por isso mesmo os períodos de inatividade dessa mão-de-obra, sob a forma de férias ou redução da carga horária diária de trabalho, são longos, por motivo do esforço despendido).

O processo é poupador de capital (*labor intensive,* como dissemos); o investimento em capital fixo é relativamente baixo, embora os gastos correntes sejam razoavelmente elevados.

Se visitássemos uma unidade de produção do século XVI talvez ficássemos chocados com a inexistência de contrastes com as unidades usuais do presente. Os equipamentos quase não mudaram através dos tempos, a não ser em algumas unidades de produção, tão poucas em número que podem ser caracterizadas como projetos-piloto. Os métodos de produção, igualmente, seguem as práticas consagradas há séculos.

A escala de produção das unidades educacionais é reduzida. As tentativas de ampliar essa escala geralmente ocasionam uma perda muito grande em rendimento do processo e, parece, deficiências na qualidade do produto final. A propósito de rendimento deve-se enfatizar que as percentagens de rejeitos, produtos defeituosos — as perdas por reprovação — são elevadas. Aliás, neste processo de produção, o controle de qualidade simplesmente não existe ou, quando existe, é altamente discutível. Não se pode dizer que haja controle de qualidade, seja da matéria-prima, seja do produto final, seja dos produtos intermediários. Por isso, o julgamento dos rejeitos provavelmente se faz erroneamente. A matéria-prima é muito heterogênea ao chegar ao início do processo de produção e não recebe nenhum tratamento prévio, nenhum beneficiamento. O produto, por seu turno, é também muito heterogêneo e não há grandezas definidas nem unidades estabelecidas para mensurar o valor agregado no processo.

À vista desse quadro, qualquer economista, acostumado ao dinamismo dos demais setores produtivos — principalmente da indústria de transformação — deve, naturalmente, inquietar-se.

O que os economistas não perceberam é que só pode ser assim, pois *a educação vive, ainda, a fase artesanal. Aí a Revolução Industrial não ocorreu. Os experimentos no sentido de transplantá-la para o setor educacional estão ainda ao nível do laboratório ou ao nível de projetos-piloto, de pequeno impacto.* As características já referidas comprovam essa afirmação. Daí a educação — como compreendida e ministrada hoje — só poder ser improdutiva, ineficiente, de baixo rendimento.

Considerando que o setor educacional absorve recursos de 3 a 10% do PIB das nações modernas; considerando que a sua matéria-prima é o homem e que 15 a 30% da população é constituída de estudantes, havendo tendência ao crescimento desses números; adicionando-se o fato de que a mão-de-obra utilizada nesse processo pode chegar a 2 ou 3% da força de trabalho (e que, considerada apenas a mão-de-obra de qualificação superior, essa percentagem pode atingir 10%), trabalhando em condições de baixa produtividade, o quadro é realmente estarrecedor.

Mais estarrecedor ainda se atentarmos para o fato de que os produtos finais — os recursos humanos — condicionam a evolução e a eficiência de todos os demais setores econômicos e, por essa via, o aumento do bem-estar, a melhoria da qualidade de vida.

Nesta altura poder-se-ia perguntar: mas se esse setor é tão ineficiente, como consegue produzir os recursos humanos capazes de transformar todos os demais setores, de modernizá-los? Como, além disso, as taxas de retorno dos investimentos educacionais são tão elevadas?

A resposta é simples. Uma das características do artesanato é que não há uniformidade do produto final, nenhuma estandardização. Alguns produtos são verdadeiras obras-primas, o que depende, em grande medida, da matéria-prima utilizada (que, neste caso, ao inverso dos demais setores de produção, é extremamente heterogênea) e da mão-de-obra empregada, em menor medida. É dessas exceções que se nutre o potencial criador e transformador da espécie humana. Imaginem, então, se o setor fosse eficiente, quais os frutos que daí adviriam para a Humanidade.

As elevadas taxas de retorno derivam, por seu turno, da escassez relativa do produto. Talvez esse paradoxo esteja a indicar-nos que, ao invés da exagerada preocupação com os recursos financeiros, de capital, os formuladores de política econômica devessem focalizar suas atenções nos recursos humanos. A política de recursos humanos deve e tende a tornar-se o centro de todas as demais.

3. *Nova tecnologia educacional*

Embora não tenhamos a pretensão de fazer nenhum exercício de futurologia, é preciso mostrar algumas das perspectivas da educação na década dos 70, para aclarar o raciocínio desenvolvido neste documento.

No tocante a recursos, é de prever que a educação venha a receber tratamento especial e que os gastos a ela correspondentes devam superar, de muito, os dispêndios realizados em todos os outros setores, brevemente. Um princípio fundamental impor-se-á em todo o mundo e condicionará os rumos da educação em futuro próximo. Sintetizando, poder-se-ia dizer que *enquanto na década dos 60 as nações atribuíram maior ou menor importância à educação, na década dos 70 será a educação que definirá a maior ou menor importância das nações.* Do mesmo modo, o mundo compreenderá que — por incrível que pareça — *há um bem ainda não escasso e que, ao mesmo tempo, dentro da escala de valores da sociedade moderna, é o mais precioso bem existente no mundo: a inteligência humana.* Os países reconhecerão que aqueles que não utilizarem adequadamente esse potencial terão seu futuro e sua segurança comprometidos de forma definitiva. É possível, então, que *do mesmo modo que as nações, hoje, exibem — frustradas ou orgulhosas — seus índices de renda* per capita, *apresentem como estatística mais adequada, para provar seu desenvolvimento, algum índice médio da população da mesma natureza que o QI.*

Na década dos 70, a formulação da política apresentará, como seu núcleo central, o conjunto de variáveis relativas à qualidade do Homem. *Surgirá, então, uma "Ciência do Homem",* de caráter multidisciplinar, englobando e sintetizando as várias incursões que já hoje se fazem nos campos econômico, sociológico, antropológico, psicológico, político, etc., com a preocupação de desvendar os caminhos mais curtos para melhorar a qualidade de vida nas sociedades modernas.

Em todo esse quadro vislumbrar-se-á a influência que a Ciência e a Tecnologia, por força da aceleração do ritmo de mudança da sociedade moderna, exercerão sobre o Homem do futuro e, por conseguinte, sobre a educação.

Além de uma "Ciência do Homem", surgirá também uma "Ciência da Educação", que permitirá a eficientização dos sistemas de ensino em todos os seus aspectos, afastando também esse óbice à elevação do esforço financeiro no setor. Os progressos que já foram feitos na área da microeconomia da educação, das Ciências do Comportamento, da Sociologia Educacional, etc., permitem prever a notável influência desse novo ramo científico.

Surgirá, também uma nova tecnologia educacional. A educação vive, ainda hoje, uma fase artesanal — para estabelecer uma analogia com o mundo produtivo — e deve passar por uma revolução — semelhante à Revolução Industrial — para expandir sua produção, baixar seus custos unitários, beneficiar número rapidamente crescente de consumidores e melhorar seus padrões qualitativos. É claro que essa transformação radical já se esboça em alguns experimentos, fruto da conscientização da necessidade de alterar a tecnologia educacional, solução para o dilema "quantidade — qualidade". É certo, também, que os primeiros passos nesse sentido encontrarão adversários — como os teve a Revolução Industrial — adversários esses incapazes de analisar a mudança em uma perspectiva de mais longo prazo. Mas ela é imperiosa e virá, pois trata-se da única possibilidade de implantar a educação universal e permanente e injetar, com a rapidez necessária, a qualidade de que a educação carece.

A natureza dos problemas educacionais tende a tornar-se cada vez mais complexa. É preciso, pois, mudar a escala das soluções para a educação.

Graças a essa mudança, que se esboça, será possível dar educação a quantidades crescentes de estudantes (todas as camadas sócio-econômicas e todas as faixas etárias compreendidas entre o limiar do aprendizado e o fim da vida ativa), com ensino centrado no aluno e atendendo às suas características individuais, aperfeiçoando, paralelamente, a qualidade da educação ministrada. Essa Revolução Tecnológica — que já ocorreu e continua a ocorrer nos demais setores produtivos *so-*

lucionará o falso dilema entre quantidade e qualidade. Ao mesmo tempo, *será compatível com a implantação da educação permanente, exigência natural do mundo dinâmico e complexo em que vivemos, a um custo suportável pelos vários países.*

É importante assinalar que essa Revolução Tecnológica permitirá que os professores se dediquem às tarefas mais nobres do magistério, sendo dispensados das tarefas repetitivas e monótonas. Além disso, permitirá que os estudantes recebam educação mais individualizada e avancem de acordo com suas velocidades peculiares. *Aqui a Revolução Tecnológica é humanizante.*

Como efetuar essa mudança de tecnologia, porém?

Os métodos inovadores em educação são vários; os meios opcionais são diversos.

Como fazer tão difícil escolha? O Brasil está, no momento, empenhado em responder a essa pergunta através do chamado Projeto SATE (Sistema Avançado de Tecnologia Educacional).

O SATE, projeto prioritário do Programa de Metas e Bases, visa identificar a combinação ótima de métodos e meios para estabelecer uma nova tecnologia educacional no Brasil, nos diversos níveis de ensino.

Através de estudos de diagnósticos, pesquisas de caráter social, econômico, político, cultural, psicossocial, etc., e por intermédio de experimentos criteriosamente avaliados com padrões comuns, o SATE pretende responder a essa pergunta num prazo razoavelmente curto, se levarmos em consideração a grandiosidade da tarefa. Mas o SATE não significa e não quer tornar-se um freio às iniciativas que se façam visando à mudança da tecnologia educacional. Existem tão variadas e enormes necessidades, que muito pode ser feito nos próximos anos, mesmo sem estudos aprofundados. Citaríamos, apenas para exemplificar, dois tipos de atividades: uma, a produção de programas inovadores e a disseminação de modernos métodos de ensino que constituirão o núcleo essencial dessa nova tecnologia, qualquer que seja a combinação de meios que venha a ser indicada como a mais racional. Em termos de prioridade do grupo a atender, lembraríamos que a tarefa deve começar pelo treinamento dos professores, por duas razões: primeiro, o *deficit* de professores no Brasil é extremamente grande, alarmante mesmo; segundo, para implantar uma nova tecnologia, é preciso, logo de início, que o professor a compreenda e seja por ela conquistado. Os próprios experimentos patrocinados dentro do projeto guiar-se-ão por essas prioridades.

O Centro Nacional de Recursos Humanos, do Instituto de Planejamento Econômico e Social (IPEA), Ministério do Planejamento, que coordena o Projeto SATE, tem procurado fazer algum trabalho nessa área. Juntamente com o Departamento de Assuntos Universitários do MEC estamos desenvolvendo o projeto prioritário denominado Operação Produtividade, que está implantando o ensino integrado e a educação programada em três Universidades e em duas escolas isoladas de Ensino Superior.

Essa atividade deriva do fato de que não mantemos nenhuma dúvida quanto à necessidade de mudar a tecnologia educacional. Cremos, também, que a educação, hoje, é o elemento mais fraco e falho do nosso sistema de vida.

As nações afluentes e as áreas mais desenvolvidas dos países do Terceiro Mundo convivem, hoje, com problemas gravíssimos, típicos da Sociedade Tecnológica, de consumo em massa. Não será essa a prova mais evidente da debilidade da educação? E não derivará essa debilidade, em grande medida, do fato de esse importante subsistema social (a educação) utilizar práticas artesanais, embora imerso em uma Sociedade que já vive a era tecnetrônica?

ADMINISTRAÇÃO PÚBLICA E MELHORIA DA QUALIDADE DE VIDA

1. *Problemas de desenvolvimento*

Seriam inoportunas, em países que ainda se acham em fase de desenvolvimento, as preocupações com determinados problemas de qualidade de vida, emergentes e típicos dos países convencionalmente classificados como detentores de alto nível de prosperidade? Se estes problemas surgem, hoje, no âmago das sociedades de alto nível de desenvolvimento, não devemos ignorá-los, porque nossa omissão ou indiferença comprometeria o próprio objetivo padrão, para o qual caminhamos.

Os povos que, hoje, consideramos prósperos, começam a contemplar suas grandes metrópoles e a perguntar se a qualidade de vida mais desejável será, realmente, esta, sintetizada na compressão de gigantescos conglomerados humanos em estruturas verticais de cimento e aço sobre asfalto, ameaçados pela crescente poluição do ar, dos rios, dos lagos, dos mares e pela inexorável deterioração das relações humanas resultante do aniquilamento moral do indivíduo em face da supremacia material da "organização".

Nem sempre é fácil confrontar a imagem da "megalópolis", símbolo fantástico do progresso material, da riqueza, da cultura, da civilização, com a imagem dessa mesma "megalópolis" decadente, tensa, quase ingovernável, carregada de conflitos morais, raciais, econômicos e sociais.

Uma vantagem têm os países em desenvolvimento sobre os países já plenamente desenvolvidos: a de poderem testemunhar, à distância, certos problemas alheios antes de senti-los totalmente no próprio meio. Da mesma forma que podem tirar benefícios, e de fato se beneficiam, da tecnologia moderna, gerada em determinados países que os antecederam no caminho da prosperidade, também poderão tirar benefícios do conhecimento, por antecipação, dos problemas e dificuldades que o progresso trouxe a esses mesmos países. Estarão assim capacitados a corrigir ou evitar distorções.

A coexistência de sociedades de diferentes graus de desenvolvimento, acentuada pela expansão contemporânea dos meios de comunicação de massas, conduz aos fenômenos da "queima de etapas" e da "antecipação de disfunções", que, como todas as coisas, têm seus aspectos positivos e negativos.

Um dos aspectos positivos, já assinalado, é a oportunidade de, ao resolver os problemas do presente, antever os problemas futuros e, nessas condições, planificar, de forma adequada, com antecedência, um estilo de vida.

A facilidade das comunicações leva muitas vezes à importação de tipos defeituosos ou requintados de comportamento dos centros mais desenvolvidos, sem que haja, nos países importadores menos desenvolvidos, conveniência ou condições básicas para adotá-los. Aí está um dos aspectos negativos do desenvolvimento descontrolado.

Uma outra vantagem do subdesenvolvimento é o fato de que os países subdesenvolvidos se acham em construção, com valores a definir e redimensionar, enfim, contam com um futuro pela frente. Isto faz com que possam evitar e eliminar no nascedouro as causas e bases profundas do desencanto precoce e do derrotismo típico da decadência, que observam nos países já desenvolvidos. Se alguns sinais dessa nociva, desagregadora, influência já se manifestam em determinados grupos de sua juventude, os países em desenvolvimento podem verificar se esses índices, eventualmente, comprovam ou não que os jovens influenciados contam ou não com objetivos e meios apropriados ao melhor aproveitamento social de seu potencial criador.

Admitamos que o "desenvolvimento" seja uma grandiosa missão; que nessa missão haja lugar para todos; que essa missão seja um privilégio. Mas, para que este privilégio seja, realmente, bem aproveitado é necessário que estejamos preparados para absorver, criticar e utilizar, de forma eficiente e rápida, as informações que nos chegam de todos os lados, os ensinamentos das nações que atingiram mais alto grau de civilização e que possamos transformar tudo isto em política orientadora de nosso progresso real. É preciso, em síntese, que a "queima de etapas" e a "eliminação de disfunções" se façam, no domínio do conhecimento e da produção, com tanta ou maior rapidez do que no domínio do consumo. É uma corrida contra o tempo. Teremos de vencê-la, mediante investimentos maciços e racionais em Ciência e Tecnologia, tanto na área das Ciências Naturais como na área das Ciências Humanas e Sociais, tendo em vista, porém, as diretrizes de um plano orgânico de integração, correlação e transferência dos conhecimentos da área científica e tecnológica para o setor produtivo nacional.

É evidente nos países em vias de desenvolvimento, a tendência a importar conhecimentos científicos e tecnológicos. Essa tendência é determinada pelas dificuldades que impedem esses países de criar e utilizar conhecimentos científicos e tecnológicos de forma autônoma e apropriada.

A tecnologia importada é, geralmente, mais barata, a curto prazo, do que a tecnologia nova, autóctone, gerada através da pesquisa básica.

Ao lado da pesquisa básica, surge o problema da transferência de conhecimentos da área científica para o setor produtivo. Quando esta transferência não ocorre, ou é deficiente, surgem tendências ao desenraizamento de técnicos e cientistas. Há, por conseguinte, desperdício de capital humano, gerado pelo esforço educacional, que não encontra ressonância e absorção no campo restrito e rudimentar das atividades produtivas do país economicamente subdesenvolvido.

Não basta, portanto, investir capital, indiscriminadamente, para que a Ciência se desenvolva, assim como não basta aprimorar instituições de pesquisa científica e promover treinamento de cientistas e especialistas de alto nível para que os conhecimentos se transformem automaticamente em tecnologia efetiva e em produtos socialmente relevantes. É necessário, antes de tudo, correlacionar, equilibrar e harmonizar os diferentes graus e estágios da íntima interdependência dos diversos tipos de desenvolvimento: científico, tecnológico, social e econômico.

Uma política nesse sentido, estabelecida, a longo prazo, pode justificar custos iniciais relativamente altos de investimentos em Ciência e Tecnologia e, também, fixar critérios cada vez mais precisos de prioridades para esses investimentos, de tal maneira que o processo acima referido, de transferências de conhecimentos do plano teórico para as atividades produtivas seja assegurado e constantemente estimulado. O objetivo elementar desse processo de transferência é, certamente, harmonizar o desenvolvimento técnico e científico com o desenvolvimento econômico e social, a fim de atingir o objetivo final de proporcionar crescente melhoria de qualidade de vida à população.

2. A "qualidade de vida" e a "administração pública"

O conceito de "qualidade de vida" depende do bom ou mau uso que se faz dos benefícios gerados pelo processo de desenvolvimento. Existe um acordo tácito e compacto quanto ao uso dos benefícios do desenvolvimento econômico e social, desde que, na realidade, concorram para a erradicação dos males que a consciência coletiva de qualquer país civilizado está solidariamente empenhada em combater, evitar, eliminar, tais como: o atraso, a miséria, a desnutrição, a ignorância, as doenças.

Ao examinarmos as condições necessárias ao desempenho pela "Administração Pública" de seu papel na adequação do desenvolvimento econômico à melhoria da qualidade de vida, verificamos a existência de vários obstáculos que devem ser superados. O primeiro, talvez, o mais importante, é a insuficiência ou precariedade de índices econômicos e sociais que possam orientar as iniciativas e atividades da Administração. O segundo, de tipo organizacional, é o reaparelhamento da Administração para que se torne cada vez mais sensível e eficiente na realização das iniciativas e atividades prioritárias programadas em função da análise dos índices mencionados.

Já é passado o tempo em que a Administração Pública podia comportar-se como um sistema passivo de órgãos e funcionários incumbidos da execução rotineira de ordens e regulamentos. Atualmente, sem prejuízo da uniformidade, da integração e da coordenação do sistema, os órgãos e funcionários devem tomar iniciativas, propor e executar decisões no âmbito de suas atribuições e responsabilidades.

O administrador que se preocupa, efetivamente, com as finalidades e com o rendimento do trabalho do órgão que administra está sempre disposto a defender seus pontos de vista e tratar de fazê-los prevalecer. Este tipo de comportamento é muito próximo do *ethos* organizacional científico que é necessário estimular, consolidar e cultivar no processo de modernização da Administração Pública, em todos os níveis: federal, estadual e municipal.

Falar em "modernização" é falar em renovação de valores, atitudes, formas de organização que, ao mesmo tempo, sejam fatores e resultados do desenvolvimento e do crescimento econômico-social. Há alguns anos atrás, "modernizar" significava simplesmente imitar formas de comportamento adotadas em países ocidentais mais desenvolvidos.

Hoje em dia, significa substituir normas e costumes que, por obsolescência, se tornaram incompatíveis com as conquistas da Ciência e da técnica. Daí a importância crucial dos índices econômicos e sociais, que possam dar à Administração os elementos de informação e de trabalho indispensáveis à formulação e à execução de uma política integral de desenvolvimento.

3. *Os recursos humanos*

É impossível pensar em desenvolvimento integral sem conhecer em que medida os recursos técnicos e de capital disponíveis ou projetados contam com pessoas em quantidade e qualidade suficientes para utilizá-los de forma adequada ou vice-versa.

A preocupação com índices de recursos humanos tem sido constante nas atividades da Fundação Getúlio Vargas. Resultados preliminares e dados provisórios de uma pesquisa feita, recentemente, em colaboração com o Instituto Brasileiro de Relações Internacionais, revelam alguns pontos importantes que estão a exigir orientação mais explícita e caracterizada quanto à utilização de recursos humanos de alto nível.

Dados do mesmo estudo revelam que cerca de 70% de bolsistas brasileiros graduados no exterior em Ciências Exatas trabalham em atividades acadêmicas (universidades) o que, aparentemente, indica uma absorção adequada, pelo menos em termos quantitativos. Mas o fato de que 30% dessas pessoas com títulos de doutor ou estudos de pós-graduação estejam trabalhando fora das universidades não indica, entretanto, que haja subutilização ou boa utilização de um potencial disponível ou, ainda, possível ocorrência de "escoamento de cérebros". Enfim, este é somente um exemplo de como a coleta e a apreciação sistemática de dados informativos fidedignos são necessárias à localização de áreas específicas de problemas a estudar e pesquisar e de como os resultados da interpretação desses dados podem contribuir diretamente para o aperfeiçoamento das diretrizes relativas ao desenvolvimento nacional.

O problema de recursos humanos tem sido, até há pouco, examinado em termos de carências e suprimentos do sistema produtivo. Pode-se constatar a ocorrência de desequilíbrios de oferta e procura de mão-de-obra de pessoas com especializações e habilitações que não encontram, com facilidade, seu lugar no sistema produtivo. Todos sabemos, por exemplo, que ainda persistem — hoje menos do que antes — vestígios de uma certa tradição de formar pessoas de excelente cultura geral e humanística que não encontram lugar definido, por falta de especialização, no processo produtivo. Por outro lado, a importação de tecnologia faz com que, muitas vezes, cientistas nacionais, da mais alta qualificação, desperdicem seus talentos em atividades aquém de suas qualificações ou busquem na emigração uma forma de realização profissional.

Os recursos humanos, na realidade, não se formam, exclusivamente, em função direta das demandas do sistema produtivo. Derivam de causas bastante complexas e relacionadas com aspirações, valores, desejos de ascensão social; dependem da forma pela qual uma sociedade define ou considera a "qualidade de vida", em seu sentido mais amplo.

As experiências dos países mais desenvolvidos já nos alertaram para alguns problemas que costumam acompanhar o superdesenvolvimento econômico. A acumulação de problemas como a poluição ambiental, as perturbações de ordem psíquica que afetam as aspirações naturais do indivíduo e geram apatia e desinteresse de grupos juvenis, as distorções setoriais e regionais podem ter efeitos desastrosos ou, pelo menos, de difícil previsão, prevenção ou controle.

Os índices reveladores desses fenômenos tornam-se, portanto, muito significativos e, mesmo os mais sutis e de difícil apreensão, merecem esforços sistemáticos de mensuração e avaliação.

Os gostos, os hábitos e os valores humanos se transformam e se substituem à medida que passa o tempo e que os problemas de desenvolvimento surgem ou são resolvidos.

As preferências profissionais se alteram, aumentam, diminuem, formam contrastes e determinam, em última análise, o que o conjunto social considera bom, útil, desejável e digno de ser buscado com esforço e dedicação.

4. Conclusões

A criação e a transformação de valores e ideais dependem da ação de homens e instituições capazes de interpretar, dar forma e viabilidade aos anseios nacionais e convertê-los em objetivos de uma política, na verdadeira acepção desta palavra, de melhoria da qualidade de vida.

À Administração Pública cabe pesquisar e selecionar os elementos básicos de informação para definir e fixar os objetivos do desenvolvimento. Não pretendo dizer que esta atividade deva ser exercida exclusivamente pela Administração Pública. Trata-se, sem dúvida, de uma atividade que deverá ser orientada, estimulada e apoiada pela Administração Pública, mas executada, em conjunto, por ela e instituições privadas, universidades, fundações, centros de estudos, que se dedicam a pesquisas e tratamento desses dados.

A Administração Pública deve aparelhar-se para fazer uso das conclusões baseadas na análise dos índices, desde as mais específicas, que se relacionam com a imediata melhoria da prestação de serviços públicos à comunidade, até as que se situam em níveis mais altos, com implicações e responsabilidades de interpretar, definir e alcançar os objetivos nacionais de desenvolvimento.

A Administração Pública tem grande responsabilidade, claro está, na formulação e condução da política nacional como um todo. Além disto, a Administração Pública pode contribuir de forma direta para a melhoria da qualidade de vida, pela própria racionalização progressiva de seus processos e métodos operacionais.

O progresso tecnológico, introduzido na estrutura da Administração, é mais um fator favorável à previsão e à eliminação dos males que devemos evitar ou combater.

Se receamos encontrar na almejada fase de maior prosperidade, as dificuldades e contradições hoje enfrentadas pelos países prósperos, devemos, desde já, extrair da experiência desses países tanto as lições positivas sobre modelos a adotar quanto os ensinamentos sobre erros abomináveis a evitar.

O desenvolvimento nacional não pode prescindir, evidentemente, de uma noção muito clara a respeito do conteúdo humano de seus objetivos. Só assim poderemos evitar contra-indicações tecnológicas, de desastrosas conseqüências, já observadas em países que atingiram alto nível de prosperidade.

O desafio tecnológico e científico que enfrentamos é duplo: temos que ser capazes de absorver a tecnologia estrangeira, mas temos, também, que ser capazes de buscá-la em sua mais avançada forma, levar em conta suas implicações sociais mais profundas, ponderar suas conseqüências positivas e negativas, adotar, adaptar e gerar conhecimentos e técnicas que mais nos convenham.

Trata-se de um desafio relativo não somente à absorção e utilização de conhecimentos novos, mas, também, de criação de estruturas organizacionais e administrativas adequadas à consecução de um desenvolvimento harmonioso e capaz de assegurar verdadeira, eficaz e duradoura melhoria de qualidade de vida.

POLÍTICA CIENTÍFICA E TECNOLÓGICA E DESENVOLVIMENTO SOCIAL

1. *Objetivos de uma Política Científica e Tecnológica*

Certamente já não existem ou, se os houver, serão poucos os países onde não se reconheça hoje o importante papel que a Ciência e a Tecnologia desempenham no processo de desenvolvimento econômico e social. Forçoso é reconhecer também que esse fato, infelizmente, não se deu simultaneamente em todas as nações e nem é um fato histórico muito antigo. Mesmo nos países desenvolvidos foi somente na década dos 50 que uma política científica e tecnológica propriamente dita passou a fazer parte, de forma explícita, de sua política governamental global. Em nossa região latino-americana, alguns países como o Brasil e a Argentina já dispõem há mais de quinze anos de órgãos em alto nível governamental (Conselhos Nacionais de Pesquisas, Junta ou Comisión de Investigación, etc.), responsáveis pela coordenação, promoção e apoio à pesquisa científica e tecnológica. Em outros 5 países da região foram criados órgãos desse tipo somente nos últimos cinco anos. Em alguns outros (quatro) a criação data de menos de três anos e, infelizmente, um número ainda grande de países da região não dispõe de organismo nacional desse tipo. Somente nestes últimos anos é que começamos a alcançar as etapas finais de um processo de delineamento de uma clara política científica e tecnológica. O que observamos, pois, neste campo, tal como em outros quando confrontamos o mundo dos países desenvolvidos com o dos países em processo de desenvolvimento e o dos subdesenvolvidos, é a clara existência de contrastes. Enquanto nestes últimos ainda não há pesquisa ou, se há, é pouca e não existe ainda uma política científica, notamos a preocupação atual nos países ligados à OECD, em reexaminar (1) sua política científica e tecnológica e a estrutura de que já dispõem para sua formulação e implementação visando analisar como devem ser estas mudadas e adaptadas para atender às demandas desta década e dos anos futuros.

Assim, um comitê especial, a pedido da OECD, recebeu o encargo de: "buscar identificar as tendências atuais na formulação da política científica e sugerir como estas influenciariam não somente as instituições diretamente interessadas, mas também a sociedade em geral". As conclusões do relatório do comitê, recentemente publicado, tiveram uma resenha (2) bem objetiva que em sua essência diz: "os governos não têm outra alternativa senão a de buscar responder mais adequadamente do que no passado às demandas implícitas que lhe têm sido impostas sobre os serviços que oferecem, por uma população cada vez mais eloquente e descontente"; e, acrescenta o relatório: "na década dos 70 ficará claro para os governos dos países desenvolvidos que o crescimento econômico como tal não é mais um objetivo geral suficiente", ressaltando que, a despeito dos êxitos do passado e das promessas inegáveis para o futuro, a Ciência e a Tecnologia devem ser julgadas cada vez mais pela qualidade de sua contribuição para a sociedade do que por sua contribuição para a prosperidade. O comitê destaca ainda "a preocupação cada vez maior que os governos terão, na próxima década, de influenciar os meios pelos quais a produção industrial apresenta componentes com diferente benefício social; que o caráter internacional do impacto da Ciência e da Tecnologia será objeto de constante preocupação" tendo em vista que "o controle e a proteção do meio ambiente global imporá restrições, até agora sem precedentes, à soberania nacional"; ressalta "o perigo dos contrastes entre países desenvolvidos e subdesenvolvidos que trará conseqüências do tipo: "tecnologias não adequadas dos países desenvolvidos serão lançadas ao resto do mundo"; que "os fossos que separam os países pobres dos países ricos serão ao mesmo tempo um desafio e um empecilho para a exploração da Ciência e da Tecnologia e que as corporações e companhias internacionais serão um problema constante a ser enfrentado". O relatório destaca a seguir "as dificuldades dos ajustes, às vezes dolorosos, do meio científico e tecnológico às novas prioridades que decorrem das rápidas alterações de objetivos sociais". Nesse sentido, ressalta as relações que devem existir entre a educação universitária e a fixação de prioridades de pesquisa, mencionando que uma das importantes lições das duas décadas precedentes é a de que "não se pode produzir pessoal treinado rapidamente, como num passe de mágica, para atender a alguma nova necessidade", recomendando pois, "ao sistema de educação superior que forme pessoal capacitado a adaptar-se com maior flexibilidade ao trabalho profissional". Finalmente, o comitê analisou os problemas de administração da Ciência e da Tecnologia destacando que o problema mais cruciante está em decidir "entre uma centralização para a Ciência e a Tecnologia e a administração de assuntos técnico-científicos como parte de uma política econômica e social global de um país". "O contraste é o existente entre as políticas centralizadas que foram recentemente adotadas por vários países europeus e a política setorial tradicional dos Estados Unidos que é, na opinião do Comitê, menos satisfatória quando os objetivos sociais estão mudando rapidamente." Sugere então que "deve ser criado um mecanismo governamental que atue com autorização específica e apoio global do Chefe de Governo, com a responsabilidade de pesquisar os temas de política de longo prazo". O argumento básico que se dá com relação a este aspecto é o de que uma grande parte do planejamento da Ciência e da Tecnologia é interministerial por sua natureza e, dessa forma, deve haver algum mecanismo formal que reflita este característico. O Comitê fez questão de realçar que "nenhum país deve comprometer seus recursos em Ciência e Tecnologia para campos específicos de interesse sem que se reservem recursos para a pesquisa básica e de longo prazo". Uma última recomendação do Comitê é a de que "os Governos dos países da área da OECD devem organizar um serviço especial de assistência técnica para os países em desenvolvimento".

Essa maior preocupação com os aspectos sociais da política científica e tecnológica, expressa agora ao nível da OECD, não é mais que um reflexo do que já se vem notando na literatura publicada nos últimos anos, como em simpósios, reuniões e congressos internacionais. Prova disso foi a Conferência (3) que se realizou em Bruxelas, em junho de 1971, sobre o "Impacto da Ciência na Sociedade" e que abordou alguns temas de grande importância quanto ao impacto social da Ciência. Entre esses, podem-se destacar alguns aspectos específicos que foram levantados como os da ética da pesquisa cerebral. Ressaltou-se então, por exemplo, que "os biologistas moleculares estão enfrentando agora uma crise de consciência equivalente àquela que tiveram os físicos nucleares depois da bomba atômica", — mas, pelo menos, "eles têm uma oportunidade de pensar nas conseqüências de sua pesquisa, antes que seja tarde demais", concluiu um dos oradores dessa Conferência. "A Ciência trouxe a necessidade de enfrentar problemas de política internacional e os cientistas devem colaborar com os que estão envolvidos nos assuntos públicos, para fazer com que os métodos científicos sejam empregados no ataque aos problemas sociais" foi outra observação feita e o Prof. Victor Veiskropft expressou, em resumo, na sessão de encerramento: "A Ciência está na defensiva". Sem dúvida esse tema vem sendo objeto de grande atenção e destaco, como exemplo, três artigos da revista *Impact* (4). Destacarei apenas algumas perguntas que encabeçam esses artigos: — "Are scientists responsible to society for the consequences of their discoveries or developments?" — In modern war technology based on science plays a bigger factor than ever before in the history of mankind. Capable scientists are, therefore, the most precious asset which a nation possesses to give it superiority over its enemies and victory or defeat is in their hands... The first responsibility of the scientist is to the nation of which he is a member... He has no choice but to assist his nation by developing the most effective defense techniques and also the most effective and, therefore, most destructive aggressive war weapons". (Ernst Chain).

— "Misuse of scientific and technical knowledge presents a major threat to the existence of mankind. Through its action... our government has shaken our confidence in its ability to make wise and humane decisions. There is also disquieting evidence of an intention to enlarge further our immense destructive capability." Scientists and engineers statement, Massachusetts Institute of Technology, 4 March 1969.

— "This world can be motivated and structured in such a way as to achieve a world war — a world to end the madness which continues to condemn children everywhere to hatred, starvation, disease" (Norman Thomas).

— "Is science-even pure research-ever neutral, as many scientists hold, with its non-neutrality, in terms of positive or negative social consequences, determined by its application?" A resposta à primeira pergunta é afirmativa e à última é negativa, na opinião dos autores dos artigos.

As observações anteriores e o reconhecimento de que todas as sociedades estão preocupadas com os efeitos da tecnologia na qualidade da vida já indicam realmente a necessidade de reformulação da política científica e tecnológica, para levar em consideração aspectos tão importantes como os da preservação do meio ambiente, a conservação de recursos naturais, a melhoria das condições de vida nas cidades, problemas de poluição do ar, da água e da poluição sonora (a eliminação destas deve ser considerada conjuntamente com a da "poluição da pobreza", como se tem chamado, e que existe em abundância nos países menos desenvolvidos). Em suma, as reformulações que vêm sendo propostas, devem visar, em última análise, ao desenvolvimento do homem.

Julguei oportuno apresentar as considerações anteriores, destacando os problemas nos países da área da OECD, pois muitos deles têm grande semelhança com os que já estão sendo enfrentados nos países em desenvolvimento e terão de ser focalizados nos países subdesenvolvidos nos próximos anos. (Aliás, diz-se mesmo, que há alguma vantagem em ser país subdesenvolvido — pode-se aproveitar da experiência dos países mais desenvolvidos, conhecendo e analisando os erros que fizeram, para evitar sua repetição.) Apenas para mostrar o paralelismo que existe com os problemas de nossa região latino-americana e, particularmente os de nosso país, e as análises que vêm sendo desenvolvidas em outras áreas, devo mencionar que também no mais alto nível governamental já têm sido levadas a cabo no Brasil algumas análises do sistema científico e tecnológico. Em verdade deve dizer-se que uma análise de situação setorial e a planificação do esforço foi iniciada há alguns anos atrás, destacando-se a formulação do Plano Qüinqüenal do Conselho Nacional de Pesquisas e a realização de alguns estudos setoriais, por exemplo, no âmbito da Fundação de Amparo à Pesquisa do Estado de São Paulo. Mais recentemente, porém, devemos destacar o capítulo correspondente à "Aceleração do Desenvolvimento Científico e Tecnológico" incluído no "Programa de Metas e Bases para a Ação de Governo", para o período 1970/1973, que resultou de uma análise feita do sistema científico e tecnológico total vigente no país. Esse Programa visa "um maior entrosamento entre a pesquisa científica e tecnológica com os setores ligados ao desenvolvimento industrial e com o setor educacional", que formará os recursos humanos qualificados para atender ao desenvolvimento do país. Vale aqui notar que foram previstos recursos correspondentes a aproximadamente Cr$ 1 470 milhões para a execução de programas na área científica e tecnológica durante o quadriênio.

1.1. PRIORIDADES

O vulto dos investimentos mencionados mostra a importância da definição de prioridades para atuação no sistema científico e tecnológico. Como escolher as prioridades? Conviria destacar aqui as questões levantadas, as conclusões e recomendações a que chegaram os Ministros encarregados da política científica na Europa, numa conferência que teve lugar em Paris (junho/70) (5) e que, dada a relevância também para o nosso Simpósio e para o nosso país, transcrevo a seguir, com a tradução do capítulo 2 do seu relatório final:

"A escolha das prioridades da pesquisa científica em função dos objetivos nacionais de desenvolvimento econômico, social e cultural".

A Conferência de Ministros,

12. Tendo examinado o problema de escolha das prioridades de pesquisa científica em função dos objetivos nacionais de desenvolvimento econômico, social e cultural, e levando em consideração para esse fim:

    o capítulo II de seu principal documento de trabalho (ref. UNESCO/MINESPOL/ /3), e
    seu documento de trabalho complementar (ref. UNESCO/MINESPOL/6),

vem de identificar nos termos que se seguem as principais questões a esse respeito:

PRINCIPAIS QUESTÕES

(a) Damo-nos conta de que a demanda sempre maior em matéria de resultados de pesquisa e da rápida expansão das atividades científicas dela decorrentes, acompanhadas de significativo aumento de custo, necessitam de uma política científica bem definida, formulada em termos científicos. Por conseguinte essa política deverá ser articulada com os objetivos nacionais em seu conjunto, o que significa que a mesma deverá ser integrada às políticas social e econômica. A formulação de uma política em Ciência e para a Ciência exige, portanto, uma definição dos objetivos nacionais, consideradas suas implicações internacionais, em termos explícitos.

(b) Até o presente, os esforços no domínio da pesquisa têm sido organizados com sucesso sempre que conduzidos mediante objetivos nacionais bastante precisos. Nas esferas econômicas e sociais, torna-se mais difícil, e não menos importante a interpretação das metas nacionais em termos de missões de Pesquisa e Desenvolvimento (R e D)*. A natureza dessas dificuldades depende das condições reinantes em cada país.

(c) As prioridades da pesquisa se situam a níveis variados, indo desde o nível nacional até aquele do laboratório de pesquisa. Em todos os níveis, é indispensável que se assegure a participação de todos os interessados, notadamente dos pesquisadores.

(d) A escolha das prioridades dependerá da forma decisiva da dimensão, do estado de desenvolvimento e do potencial científico de um país, bem como da participação desse mesmo país na

(*) "Pesquisa e Desenvolvimento'; no original, "Recherche et Développement" (N. dos Eds.).

cooperação internacional no campo científico em questão. De forma absoluta, nenhum país pode bastar-se a si mesmo. Todos os países haverão cada vez mais, ainda que penosamente, de cobrir todos os domínios científicos; os países relativavamente pequenos, em particular, constatarão que há necessidade de concentrar seus recursos em determinados setores. Entretanto, devem eles consagrar um mínimo de esforço às disciplinas básicas, ainda que não seja senão para se capacitar a absorver a ciência e a tecnologia proveniente de outras fontes. Em conjunto, pode resultar destas considerações que alguns países deverão aumentar o total de recursos que destinam à (R e D) Pesquisa e ao Desenvolvimento.

(e) A escolha das prioridades não é senão um aspecto, por importante que seja ele, da Política Científica. Esta deve também ser de modo que os programas de pesquisa sejam postos em execução de maneira a assegurar a mais eficaz utilização dos recursos nacionais. Isto exige que elos de ligação muito firmes unam:

> os estabelecimentos de pesquisa — produtores de conhecimentos novos e os utilizadores desses conhecimentos, tal como o setor industrial, e aqueles que dispõem dos meios.

(f) Diversas técnicas são atualmente postas em prática para facilitar a tomada de decisões no que concerne à aplicação dos recursos e sua reavaliação periódica; por exemplo: a previsão científica e tecnológica, análise da eficácia econômica, etc. Sua aplicação e seu sucesso dependem da natureza da pesquisa considerada. Se úteis são essas técnicas, um julgamento científico bem informado continuará sem dúvida alguma a desempenhar um papel importante na tomada de decisão.

(g) Além de seu valor intrínseco inconteste, a pesquisa fundamental, embora consumidora de recursos importantes, deve ser considerada como parte integrante de uma política científica de conjunto. Apesar de as dificuldades serem chocantes, devemos nos esforçar por planificá-la e organizá-la levando-se em conta

(i) o papel essencial que ela desempenha no sistema de ensino;
(ii) sua contribuição a longo prazo ao processo de inovação;
(iii) o papel capital que ela desempenha na manutenção de uma vitalidade científica.

Em função destas considerações, a conferência formulou as seguintes:

CONCLUSÕES

13. A formulação e aplicação de uma política científica necessitam da colocação, à mais elevada estrutura governamental, de um mecanismo apropriado, capaz de definir uma estratégia de desenvolvimento científico e tecnológico, levando-se em conta os objetivos econômicos e sociais;

14. A Política Científica, como qualquer outra política, deve se adaptar à evolução das necessidades e às mudanças, como por exemplo a necessidade atual de manter a qualidade da vida. Isto pode obrigar a modificar a distribuição dos recursos financeiros e humanos, modificações que, em alguns casos, levantam problemas ligados à reorientação da atividade científica, quer seja fundamental ou aplicada;

15. As condições prévias de uma planificação dinâmica deste gênero são notadamente as seguintes:
(a) Análise do potencial científico e técnico, à luz das estatísticas de Ciência e de Tecnologia; os métodos de coleta de dados deverão ser aperfeiçoados de tal modo que as estatísticas obtidas possam ser comparáveis entre países;
(b) Estudos da situação e das tendências possíveis no campo escolhido da pesquisa;

(c) Elaboração de métodos baseados na noção de sistema para facilitar ao mesmo tempo a planificação e a execução dos programas de Pesquisa e Desenvolvimento (R e D), considerada a pesquisa fundamental em seus limites ou, se possível, dentro deles;

(d) Ampliação do perfeito entendimento do funcionamento dos sistemas de Pesquisa e Desenvolvimento (R e D) e das condições requeridas para que tais sistemas dêem bons resultados, de sua vinculação com a sociedade, etc. (ciência da própria ciência);

16. Os sistemas de informação científica e técnica têm uma importância capital para o potencial nacional de pesquisa, notoriamente para a aplicação eficaz dos resultados da pesquisa;

RECOMENDAÇÕES

E em decorrência a CONFERÊNCIA DE MINISTROS resolve RECOMENDAR:

A. Aos Estados Membros:

(a) a definição dos objetivos nacionais a longo prazo com suficiente clareza para que se possa de forma consentânea promover o estabelecimento de políticas científicas nacionais;

(b) empreender, com o concurso de seus organismos diretores de política científica nacional e com o concurso de todas as categorias de interessados, um exame das melhores condições de organização e financiamento da pesquisa fundamental em seu próprio país, levando-se em conta a experiência de outros países.

Agora vejamos as áreas prioritárias da política própria de desenvolvimento científico e tecnológico do Brasil que foram apresentadas no Programa (6) de "Metas e Bases para a Ação de Governo", para o período 1970/73. Os objetivos globais visados são essencialmente: 1) "Acompanhar o progresso científico e tecnológico mundial, participando da II Revolução Industrial, particularmente nas áreas de perspectivas tecnológicas mais amplas". 2) "Adaptar a tecnologia importada às condições nacionais de dotação de fatores de produção, inclusive pela seleção de certo número de setores capazes de realizar substancial absorção de mão-de-obra, de forma a compatibilizar o progresso tecnológico com a expansão da taxa de aumento de emprego". 3) "Resolver problemas tecnológicos próprios do Brasil, notadamente nas áreas Industrial, Agrícola e de Pesquisa de Recursos Minerais; evoluir para mais ampla elaboração tecnológica no país, substituindo tecnologia, em seguimento à substituição de importações, em número considerável de setores industriais." As principais realizações do programa a que se propôs o Governo nesse campo são as seguintes:

I) Execução de política tecnológica industrial;

II) Implementação do plano básico de desenvolvimento científico e tecnológico constituído dos projetos prioritários das principais instituições de execução ou de estímulo à pesquisa: Conselho Nacional de Pesquisas (CNPq), Fundo de Desenvolvimento Técnico-Científico (FUNTEC) do BNDE, Comissão Nacional de Energia Nuclear (CNEN), Grupo de Organização da Comissão Nacional de Atividades Espaciais (GOCNAE), vinculado ao CNPq, Centro Técnico Aeroespacial (CTA), Institutos de Tecnologia etc;

III) Criação de condições de trabalho satisfatórias para os pesquisadores e tecnólogos;

IV) Efetiva participação do Brasil, seletivamente, no Programa Espacial e no Programa de Energia Nuclear. Segundo a orientação já adotada, as prioridades dos projetos estarão em função do seu impacto sobre o desenvolvimento econômico e social do país e não precipuamente para levar contribuições ao esforço mundial nessas áreas (salvo em casos excepcionais);

V) Condução do programa de Energia Nuclear, através da CNEN (vinculada ao Ministério das Minas e Energia), com o objetivo de acelerar a absorção da mais moderna tecnologia;

VI) Criação pelo Governo Federal de um Centro de Ciência e Tecnologia Aplicadas ao Planejamento;

VII) Criação de poderoso Sistema Financeiro para a Ciência e a Tecnologia, em complementação aos recursos orçamentários normais, notadamente para financiamento dos projetos do PLANO BÁSICO;

VIII) Implantação do sistema de informações sobre Ciência e Tecnologia;

IX) Efetivo Apoio à Maior Participação do Setor Privado no Desenvolvimento Científico e Tecnológico;

X) Criação de Padrões e Normas Técnicas Brasileiras.

O Plano prevê a realização de um grupo de projetos prioritários constantes do PLANO BÁSICO, constituído de 24 projetos prioritários já identificados:

1) Ampliação do Corpo Científico e Tecnológico Brasileiro; 2) Implantação do Sistema de Tempo Integral para Pesquisadores; 3) Programa Intensivo de Pós--Graduação, no País e no Exterior; 4) Sistema de Centros Regionais de Pós-Graduação; 5) Utilização do Potencial Científico da Academia Brasileira de Ciências; 6) Sistema de Informações sobre Ciência e Tecnologia; 7) Tecnologia dos Alimentos; 8) Pesquisas em Ciência dos Materiais; 9) Pesquisas em Produtos Naturais Orgânicos; 10) Intensificação do Intercâmbio Científico no País e com o Exterior; 11) Pesquisas em Oceanografia e Geofísica do Fundo dos Mares; 12) Pesquisa sobre o Xisto Betuminoso; 13) Pesquisas sobre Apatitas do Araxá; 15) Laboratório de Semicondutores; 15) Pesquisas sobre Permeação de Gases; 16) Pesquisas sobre Polímeros; 17) Núcleo de Pesquisas de Eletrônica Aplicada à Biologia; 18) Técnicas de Combate Biológico; 19) Estudo Geoquímico sobre a Formação de Solos em Condições Tropicais; 20) Instituto Agronômico de Campinas: Programa Ampliado de Pesquisas; 21) Pesquisas sobre Fertilização de Solos; 22) Formação de Pastagens; 23) Programa Ampliado de Pesquisas do IPEAS — M.A.; 24) Estudos sobre Nutrição Humana.

1.2. RECURSOS HUMANOS E FINANCEIROS

Gostaria de ressaltar nesse elenco de projetos e programas os que estão vinculados à formação de recursos humanos nas áreas de Ciência e Tecnologia. Esta é, sem dúvida, uma área altamente prioritária, tendo em vista a relativa escassez de pessoal qualificado no país em quase todos os campos da Ciência e da Tecnologia. Ainda recentemente o Presidente do Conselho Nacional de Pesquisas destacava que "o número de pessoas cadastradas pelo órgão no país era de apenas 8 600, quando as necessidades atuais exigiam, pelo menos, 30 000 pesquisadores". Ressaltou também "a escassez de recursos destinados à pesquisa no Brasil, mencionando que o Conselho recebeu em 1971 somente 0,3% do orçamento da União". Sem dúvida, apesar dos vultosos recursos que serão investidos no setor, como vimos antes, ainda será pequena a porcentagem de investimentos em pesquisa científica e tecnológica, com relação aos recursos que hoje se investem nesse setor em outros países. À guisa de comparação, poderemos observar a evolução do número de pesquisadores na França e a evolução correspondente do financiamento global para a pesquisa e desenvolvimento (R e D) naquele país. Assim a França dispunha de cerca de 30 000 pesquisadores entre os anos de 1959 e 1960 e, nesse mesmo período, investia na ordem de Cr$ 3 500 milhões por ano, no financiamento à pesquisa. Em outras palavras, investiu mais do dobro num ano, do que iremos investir em Ciência e Tecnologia no programa de "Metas e Bases" durante o quadriênio 1970/1973, para manter ativos esses seus 30 000 pesquisadores. Nesse sentido é pois fora de dúvida que aumentar o número de pesquisadores é meta prioritária para o Brasil.

O aumento efetivo do número de pesquisadores, tanto nas áreas da pesquisa fundamental como nas áreas da pesquisa aplicada, se dará basicamente com a participação de jovens recém-graduados de nossas Universidades, seja em trabalhos de pesquisa nos institutos de pesquisa ou nos próprios centros universitários nos cursos de pós-graduação sob a orienta-

QUADRO I
CONSELHO NACIONAL DE PESQUISAS (CNPq)
CONCESSÃO DE BOLSAS DE ESTUDO E PESQUISA

Categoria	1966	1967	1968	1969	1970	1971*	TOTAL
Iniciação Científica	619	751	704	655	666	537	3 932
Aperfeiçoamento	175	227	330	572	572	183	2 059
Pós-Graduação no País	84	110	172	275	564	601	1 806
Pós-Graduação no Exterior	77	97	110	154	153	133	724
Pesquisador Assistente	125	125	152	239	371	219	1 231
Pesquisador	53	63	67	97	145	91	516
Chefe de Pesquisa	27	33	37	60	63	62	282
Pesquisador-Conferencista	—	—	164	90	166	188	608
Total por Ano	1160	1406	1736	2142	2700	2014	Total Geral 11158

* Até setembro de 1971

QUADRO II

FUNDAÇÃO DE AMPARO À PESQUISA DO ESTADO DE SÃO PAULO (FAPESP)

CONCESSÃO DE BOLSAS DE PESQUISA NO PERÍODO 1966 - 1971

MODALIDADES	1966	1967	1968	1969	1970	1971	TOTAL
Iniciação Científica	121	155	183	233	262	249	1 203
Aperfeiçoamento	66	104	155	209	276	385	1 195
Doutoramento	29	38	46	41	41	65	260
Pesquisa	17	17	23	33	16	13	119
Pesquisador-chefe	6	1	4	1	—	—	12
Complementação	13	28	14	4	—	—	59
Especial	—	—	—	—	—	—	—
Exterior	15	29	91	110	104	79	428
Total por Ano	267	372	516	631	699	791	Total Geral 3 276

QUADRO III

CAPES (Coordenação do Aperfeiçoamento de Pessoal de Nível Superior)

BOLSAS DE ESTUDO CONCEDIDAS NO PERÍODO DE 1966-1970 (Inclusive auxílios individuais)

ÁREA DE CONHECIMENTO		1966	1967	1968	ANO 1969	1970	TOTAL
CIÊNCIAS BÁSICAS:							
No País:	Nº	260	126	112	158	147	803
No Estrangeiro:	Nº	24	28	14	9	24	99
CIÊNCIAS DA SAÚDE:							
No País:	Nº	363	294	228	243	286	1414
No Estrangeiro:	Nº	44	37	9	16	19	125
CIÊNCIAS DA ENGENHARIA E TECNOLOGIA:							
No País:	Nº	225	266	201	213	184	1089
No Estrangeiro:	Nº	43	44	30	14	21	152
CIÊNCIAS HUMANAS, ECONÔMICAS E SOCIAIS:							
No País:	Nº	183	145	54	23	66	471
No Estrangeiro:	Nº	28	47	13	10	10	108
TOTAL POR ANO:		1170	987	661	686	757	4261

Fonte: **Relatórios da CAPES**

ção de pesquisadores já experimentados. Infelizmente é ainda muito pequeno o número de empresas no Brasil que oferecem possibilidades de pesquisa em laboratórios próprios. Ainda que estudos globais de oferta e demanda de cientistas e engenheiros não tenham sido feitos no Brasil, poderemos concluir da análise dos números de bolsas de estudo e de pesquisa concedidas pelos principais órgãos de apoio à pesquisa que o número de pesquisadores segue em contínuo aumento. (Vide Quadros I, II anexos, correspondentes ao CNPq e à FAPESP.) Se adicionarmos a esses números as bolsas que são concedidas através da CAPES (Quadro III), nas áreas de Ciência e Tecnologia, bem como as bolsas concedidas pelas próprias Universidades e Institutos de pesquisa e outros órgãos estaduais, como a Fundação de Amparo à Pesquisa do Rio Grande do Sul, a congênere da Bahia, a Secretaria de Ciência e Tecnologia da Guanabara, a Comissão Nacional de Energia Nuclear e outros Ministérios, veremos que um grande esforço vem sendo feito no Brasil, no sentido da formação de recursos humanos. Já ultrapassam de 80 os centros de pós-graduação, reconhecidos pelo Conselho Nacional de Pesquisas, que estão contribuindo para a formação de pessoal em nível de mestrado. Com relação ao doutorado, somente alguns centros e laboratórios de pesquisa especiais, bem com algumas universidades localizadas nos estados do Centro-Sul, oferecem hoje essa possibilidade. A implantação progressiva de outros centros em universidades localizadas em outros estados do país, será certamente um processo lento, ainda que o crescimento da matrícula seja acentuado, como podemos observar da análise de dados desse tipo que são conhecidos, por exemplo, nos Estados Unidos (Vide Quadros IV, V, VI e VII anexos). Se compararmos, por exemplo, o intervalo de tempo total que decorreu nos Estados Unidos entre a implantação dos primeiros cursos de doutoramento e os que se instalaram nos Estados de Maine, Idaho e Nevada, cobrindo quase todo esse país após 1960, vemos que decorreu um lapso de cem anos. E esse processo de implantação é lento porque não se faz pós-graduação sem pesquisa, sem recursos humanos qualificados e recursos mate-

QUADRO IV

SEQUÊNCIA DE PRIMEIRO GRAU DE DOUTOR
(POR ESTADOS)

Ano	ESTADO	Total Estados	Ano	ESTADO	Total Estados
1861	Connecticut	1	1900	Iowa	28
1866	New York	2	1902	West Virginia	29
1871	Pennsylvania	3	1914	North Dakota	
1873	Massachusetts	4			31
1875	District of Col.	5	1915	Washington Texas	32
1876	Michigan	6	1922	Arizona	33
1878	Maryland	7	1926	Hawaii	
1879	New Jersey Ohio Tennessee	10	1929	Oregon Oklahoma	35 36
1883	Indiana Missouri North Carolina	13	1931 1934 1940 1947	Vermont Florida Georgia New Mexico	37 38 39
1885	California Virginia	15	1948	Utah Delaware Wyoming	41 43
1887	Louisiana	16			
1888	Minnesota	17			
1889	Rhode Island	18	1952	Alabama	44
1891	South Carolina	19	1953 1955	Arkansas Alaska	45 46
1892	Wisconsin	20	1956	Montana	47
1892	Illinois Mississippi	22	1959 1960 1962	South Dakota Maine Idaho	48 49 50
1894	Kentucky	23	1964	Nevada	51
1895	Colorado	24			
1896	Kansas Nebraska New Hampshire	27			

Fonte: American Council on Education; Office of Education (DHEW).

QUADRO V

CRESCIMENTO DA MATRÍCULA PÓS-GRADUAÇÃO

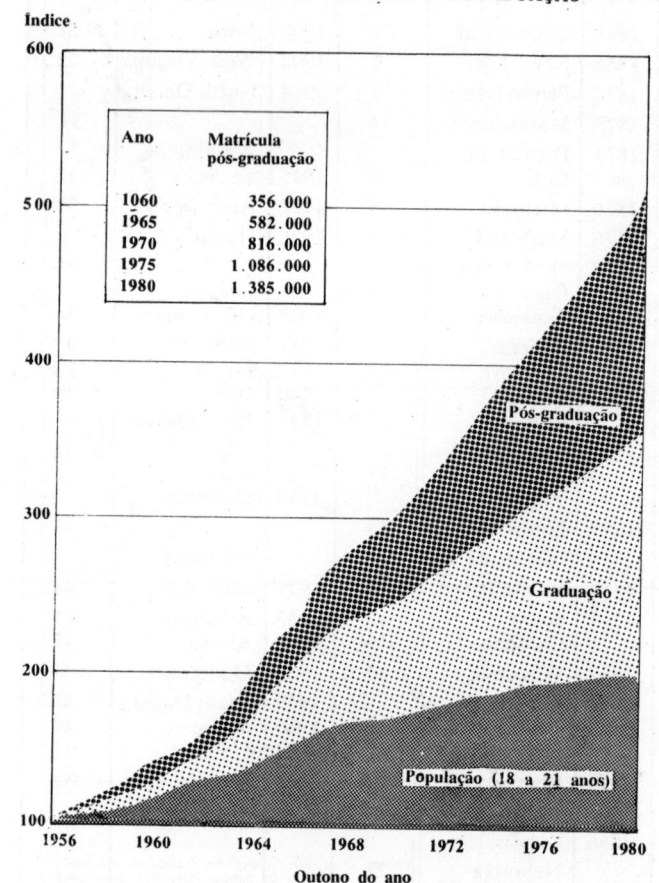

Índice

Ano	Matrícula pós-graduação
1060	356.000
1965	582.000
1970	816.000
1975	1.086.000
1980	1.385.000

Outono do ano

O índice é obtido dividindo-se o número de inscrições (ou a população) de cada ano pelo seu valor em 1956 e multiplicando-se por 100.)
Referência: Office of Education (DHEW); projeções após 1979 by National Science Foundation.

QUADRO VI

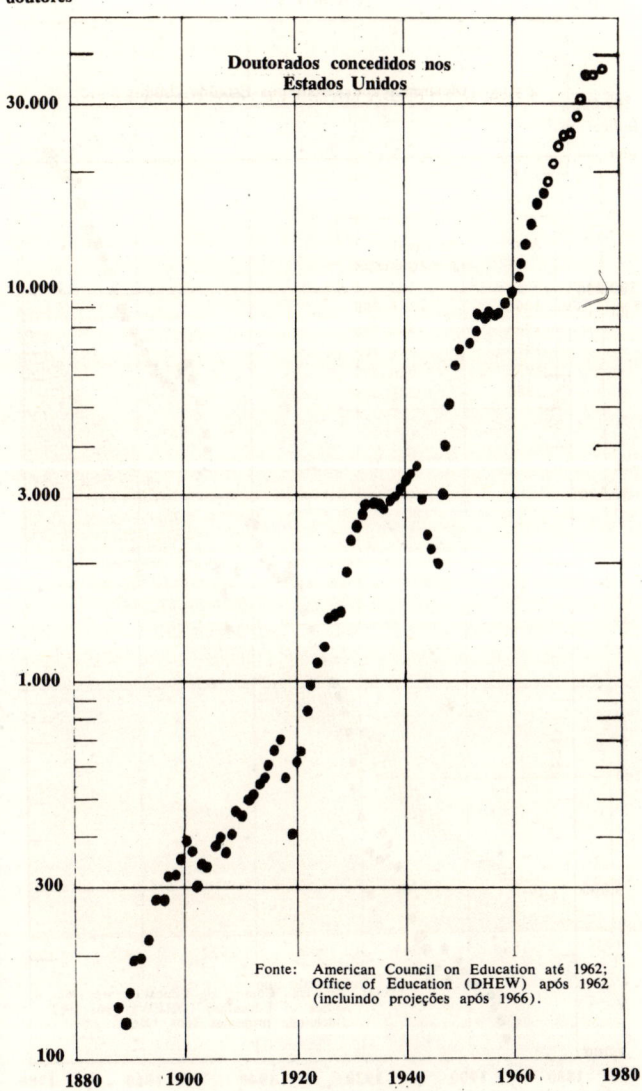

Número de doutores

Doutorados concedidos nos Estados Unidos

Fonte: American Council on Education até 1962; Office of Education (DHEW) após 1962 (incluindo projeções após 1966).

QUADRO VII

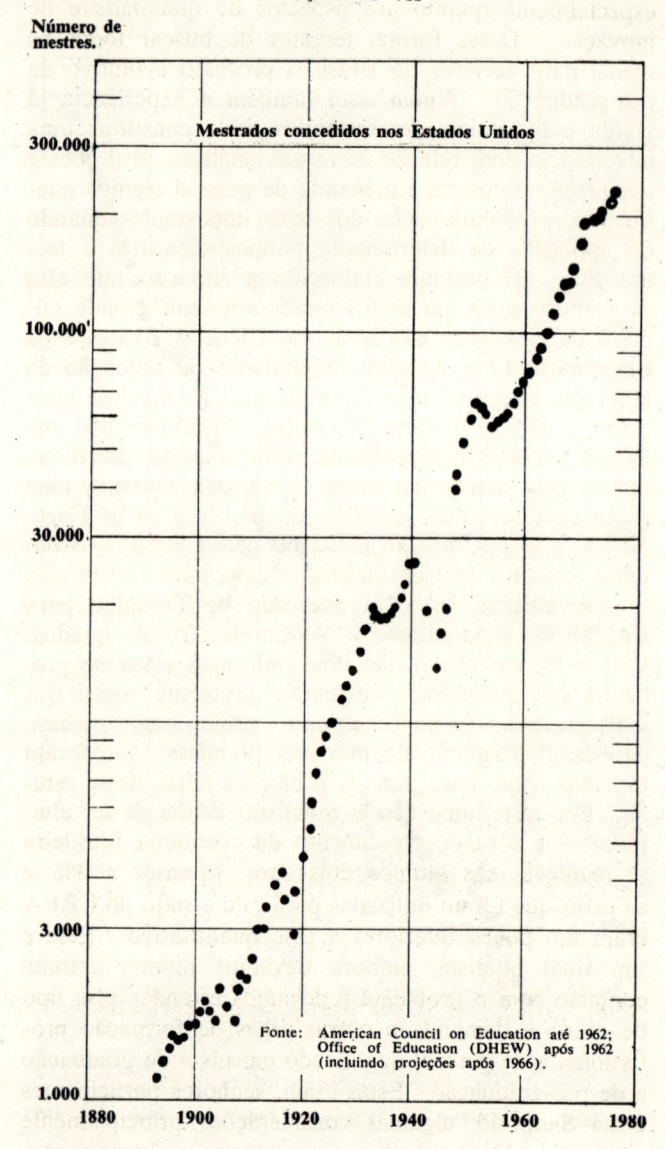

Mestrados concedidos nos Estados Unidos

Número de mestres.

Fonte: American Council on Education até 1962; Office of Education (DHEW) após 1962 (incluindo projeções após 1966).

riais adequados. Devemos também ressaltar o impacto que a pós-graduação tem sobre o ensino de graduação especialmente quanto aos aspectos de qualidade e de inovação. Dessa forma, teremos de buscar todos os meios para acelerar no Brasil o processo evolutivo da pós-graduação. Porém aqui também a experiência já vivida pelos países desenvolvidos pode constituir uma advertência com relação às nossas análises, projeções e adequação de oferta e demanda de pessoal técnico qualificado, problema social dos mais importantes quando da aplicação de determinada política científica e tecnológica. É bastante conhecida a situação que está ocorrendo agora em certos países com um grande número de cientistas, nas áreas das Ciências Exatas e na Engenharia (7 e 8) com dificuldades de obtenção de emprego, apesar de terem qualificações de nível de mestrado (MS) e doutorado (PhD). Embora não me pareça ser este um problema sério, a curto prazo, no Brasil, pelo menos nas áreas de Ciências básicas, uma primeira advertência já foi levantada, na área de Engenharia, por um trabalho realizado pelo CREA — Conselho Regional de Engenharia e Arquitetura (6ª Região — São Paulo), sobre o "Mercado de Trabalho para Engenheiros, Arquitetos e Agrônomos". Os quadros VIII e IX em anexo dão uma indicação clara do problema que poderemos enfrentar, problema social dos mais graves — o do "excedente" profissional —, caso não se modifiquem algumas das premissas que foram tomadas como base para as projeções feitas nesse estudo. Por sorte, uma dessas premissas acaba de ser alterada — a taxa de crescimento da economia brasileira se manteve, nos últimos dois anos, superior a 9% e as taxas que foram utilizadas para este estudo do CREA eram um pouco inferiores a esse quantitativo. Esse é um sinal otimista, embora devamos manter estreito contacto com o problema e devamos estender esse tipo de oferta e demanda a outras áreas de formação profissional e de pessoal qualificado em nível de graduação e de pós-graduação. Estas eram, senhores participantes deste Simpósio, algumas considerações principalmente quanto à política científica e tecnológica e alguns aspectos sociais que quis trazer ao plenário. Estou certo de

QUADRO VIII

Nº de Escolas de Engenharia
Existentes no Período

EVOLUÇÃO DO NÚMERO DE ESCOLAS DE ENGENHARIA
EXISTENTES NO BRASIL E NO ESTADO DE SÃO PAULO

BRASIL

SÃO PAULO

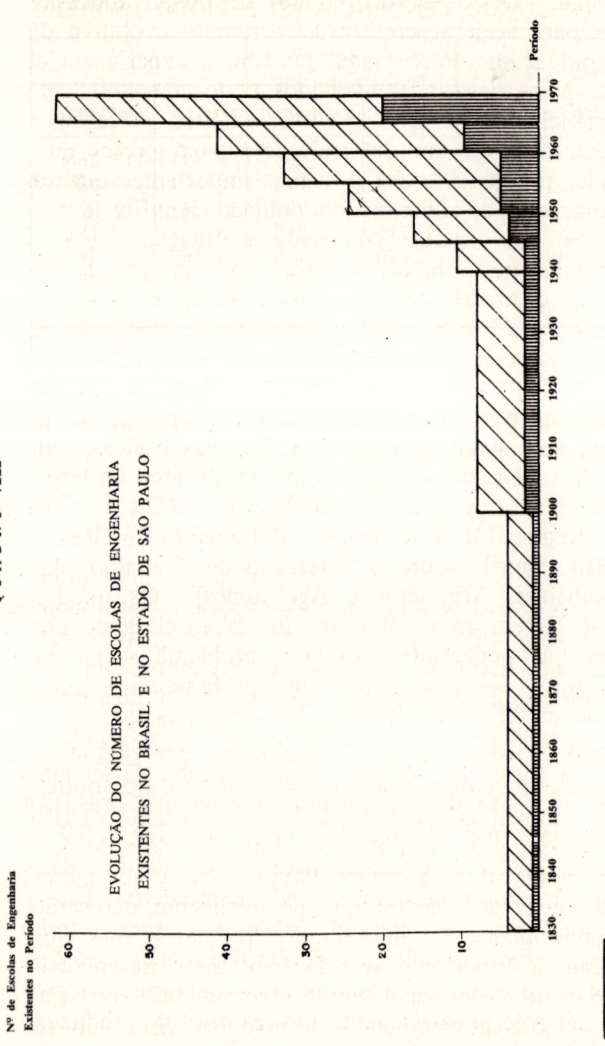

Referência: Vide Quadro IX.

QUADRO IX

DISTRIBUIÇÃO DE OFERTA E DEMANDA DE ENGENHEIROS POR MODALIDADE PARA OS ANOS DE 1975 e 1980. (SEGUNDO TENDÊNCIA DO PERÍODO 1960-1970)

Ano / Modalidade	1975 Oferta	1975 Demanda	1980 Oferta	1980 Demanda
Civil	7.762	9.063	8.893	13.266
Mecânico	8.438	6.272	18.639	9.980
Eletricista	6.031	5.770	13.263	12.021
Químico	1.731	1.385	3.617	2.151
Metalúrgico	1.650	1.150	3.567	1.798
Outros	1.433	1.374	2.261	2.029
Operacional	5.239	1.576	13.030	3.536
TOTAL	32.284	26.590	63.270	44.781

FONTE:
Estudo do CREA — Conselho Regional de Engenharia, Arquitetura e Urbanismo (6ª Região) — São Paulo — Vol. II, 1970, sôbre Mercado de Trabalho para engenheiros, arquitetos e agrônomos.

que não respondi a muitas das indagações que foram feitas e a outras que por certo serão ainda levantadas nesta reunião. Por outro lado, outros participantes discutiram ou discutirão aspectos que se sobrepõem aos abordados aqui, porém, como disse ao início, meu objetivo foi menos o de trazer novas contribuições que o de ouvir as observações e comentários dos presentes, bem como participar das discussões deste e dos outros temas. Tomei a liberdade de anexar ao texto escrito da palestra que se distribuiu no Simpósio cópia de dois artigos publicados na revista *Physics Today* nos meses de maio e junho deste ano que, possivelmente, não serão do conhecimento da maioria dos presentes, mas que destacam a importante vinculação entre o desenvolvimento científico e tecnológico e a comunidade, ou seja, entre a política científica e tecnológica vista não só sob o ângulo do desenvolvimento econômico como também em relação ao desenvolvimento social. Sua leitura é clara indicação da relevância e atualidade dos temas que se apresentaram neste Simpósio, não só para nosso país como em países mais desenvolvidos. "A resposta aos problemas criados pelo desenvolvimento científico e tecnológico está por certo nas mãos dos próprios cientistas e tecnólogos" — conclui o prêmio Nobel Gell-Mann em seu artigo acima mencionado. Estes problemas, que não conhecem fronteiras entre países desenvolvidos ou em desenvolvimento, já estão sendo levantados e discutidos e, em meu otimismo, já os vejo em parte equacionados com a perspectiva de que serão resolvidos pelo conjunto da comunidade científica do nosso mundo. Alguns primeiros passos nesse sentido também já os estamos dando aqui no Brasil, com a realização deste Simpósio.

Referências Bibliográficas

1. "Where to go from here" — *Nature* — Vol. 232 — julho 1971.
2. "Helmsmen Peer Ahead" — *Nature* — Vol. 232 — julho 1971.
3. "Science and Society" — *Nature* — Vol. 232 — julho 1971.
4. "Tensions in the World of Science" — Impact of Science on Society — UNESCO — Vol. XXI — abril/junho 71.
5. "La politique scientifique et les États européens" — UNESCO — Doc. NS/SPS/25, 1971.
6. "Metas e Bases para a Ação de Governo" — Ministério do Planejamento — setembro de 1970
7. TERMAN, F E. Supply of Scientific and Engineering Manpower: Surplus or Shortage? *Science*, 173 (399), 1971. 1971.
8 GRODZINS, L. The Manpower Crisis in Physics. *Bull. American Physical Society*, junho de 1971.

ESTABELECIMENTO DE TECNOLOGIA AUTÓCTONE

1. *Introdução*

Os países subdesenvolvidos, identificados pela consciência de suas condições de descompasso para com a parcela mais rica das nações, apresentam aspectos inéditos em seu processo de desenvolvimento que não permitem qualquer tipo de comparação com o ciclo evolutivo das economias avançadas e, portanto, a adoção dos princípios clássicos de análise não encontra validade nas duras realidades e nos contrastes do mundo moderno.

Para os países mais atrasados o desenvolvimento, além de constituir um processo político de auto-afirmação, caracteriza uma necessidade urgente para o encontro da paz social e da integração de imensos contingentes humanos, cada vez mais arriscados de empobrecimento e de incapacidade de sobreviver em face das novas condições que prevalecem nos nossos dias.

A economia das nações industrializadas, há cinqüenta ou cem anos, não comportava nenhuma das características que hoje afligem os subdesenvolvidos e, em particular, não identificava um sistema dependente — a estrutura produtiva não comportava hipertrofias nem vinculações a mercados estrangeiros e o seu desenvolvimento prosseguiu ou estagnou conforme a evolução do mercado mundial, não tendo de suportar a carga de pesadas obrigações externas, não teve de enfrentar a concorrência de poderosas empresas e, se as estruturas eram pouco industrializadas, não se apresentaram deformadas ou desequilibradas mas, pelo contrário, integradas e autocentradas.

Ao lado dos inúmeros problemas, vinculados à busca de soluções para um desenvolvimento auto-sustentado evidencia-se uma incapacidade de investir, agravada pelo progressivo aviltamento dos preços das matérias-primas, as quais, em geral, lideram suas pautas de exportação.

Cedo foi compreendida a necessidade de se aumentar o conteúdo da mão-de-obra no produto a ser oferecido e a ser negociado. Quase que um critério de classificação ou de nivelamento entre nações poderia resultar dessa assertiva, isto é, a quantidade de trabalho indígena por unidade de peso de mercadoria, fixando posições e abrindo as portas para o anseio generalizado da inata vontade de crescer e de progredir.

A palavra mágica — industrialização — começou a ser buscada como solução para o rompimento das barreiras e do círculo vicioso da incômoda posição subalterna dos países mais atrasados. A necessidade de se negociar manufaturas — cujos preços crescem à proporção que o nível geral dos povos se eleva — caracteriza uma nova e vigorosa posição na mente das nações em crescimento.

No entanto, não basta a intenção de industrialização para que o fenômeno se realize. Os modernos e críticos padrões de qualidade, os preços incrivelmente baixos obtidos em razão das grandes séries, a capacidade de consumo dos países desenvolvidos, além de outros fatores, dificultam o emergir dos povos do Terceiro Mundo.

Daí a importação e a importância da Tecnologia que torna possível, em prazos curtos, o treinamento objetivo dos operários que passam a produzir repetitivamente aquilo que lhes é ensinado por especialistas estrangeiros, em função de contratos de assistência técnica ligados a programas industriais isolados e com finalidades pré-fixadas.

O Brasil seguiu esses passos. Na década dos 50 iniciou, de forma prática, a sua escalada na obtenção de um esquema de desenvolvimento industrial fixando, no país, uma indústria mecânica que, encontrando ambiente favorável, expandiu-se notavelmente. O que, na realidade, caracterizou a criação de nossa Sociedade Industrial foi o conhecido processo de substituição de importações, o qual deslocou para o Brasil um sem-número de produtos fabricados no exterior, sob a égide e a presença dos incentivos colocados em jogo pelo Governo Federal, segundo uma planificação econômica cuja existência foi um fator, sem nenhuma dúvida, decisivo para o progresso alcançado.

Este processo carreou para o país uma capacidade realizadora, cuja evolução foi extremamente nítida na década dos 60, que teve como resultado a implantação de uma infra-estrutura industrial, bastante diversificada e em larga medida auto-suficiente em relação às necessidades nacionais.

Sem a industrialização, o que vale dizer, sem a disponibilidade de um certo nível tecnológico caracterizado pelo "saber-fazer" (embora totalmente importado), o país estaria fatalmente condenado à estagnação; não se poderia, utilizando-se simplesmente das divisas tornadas disponíveis pela exportação de produtos primários (cujos preços têm caído de modo acentuado nas trocas entre nações), multiplicar nossas frotas de veículos, aumentar a disponibilidade dos bens de consumo duráveis ou não, enfim, não se teria observado a grande arrancada para o futuro que hoje empolga a nação.

No entanto, se a fabricação sob licença foi a alavanca e a chave do desenvolvimento industrial, provavelmente não se poderá dizer que o mesmo processo seria o caminho único para a manutenção do desenvolvimento auto-sustentado. Ao lado do *know-how* externo, uma certa participação da tecnologia indígena se revela indispensável para a formação do patrimônio intelectual do país, o qual, de forma progressiva, irá diversificando e ampliando, ao mesmo tempo, a capacidade nacional, em termos do que, como e quando fazer, de gerar o que poderíamos chamar de tecnologia própria e de modelos nativos para nossas necessidades.

Na busca do desenvolvimento nacional, admitindo-se como verdadeira a tese de que cada país deve procurar o seu próprio destino, observa-se que a intensa ação nacional de hoje objetiva:

— a ação integrada do Governo e empresa criando um quadro propício para novos investimentos, além de favorecer um clima para o aumento de poupança pública;

— a busca de melhores padrões caracterizados por maior produtividade;

— o estímulo à vitalidade da empresa visando a um aumento de sua capacidade competitiva;

— a busca de uma política industrial menos dependente da "substituição de importações", mais voltada para a expansão do mercado interno e para aumento de participação na pauta de exportações;

— a presença do Governo como instrumento criador do clima dinâmico de evolução permanente, através dos incentivos e créditos fiscais, financiamentos a prazos longos e a baixo custo, estabilização da moeda, etc;

— a efetivação de programas setoriais em campos básicos como a mineração, siderurgia, modernização da agricultura, o desenvolvimento das indústrias naval, aeronáutica, petroquímica, eletrônica e nuclear;

— os programas educacionais visando à formação de pessoal e aumento do nível da educação, em contingentes crescentes e em consonância com as altas taxas demográficas do nosso crescimento populacional.

Através deste gigantesco esforço todo um esquema foi criado e sempre sob o fundamento básico de uma tecnologia moderna e eficiente colocada à disposição da indústria.

Resta a todos agora, governantes e governados, a responsabilidade de dimensionar nossos comprometimentos para com o futuro e de equacionar a co-participação do saber brasileiro ao lado do que aprendemos com os povos mais desenvolvidos. Resta a todos a obrigação de colocar em jogo o talento criador da nação, como condicionante de um novo salto para o futuro e que possa criar o equilíbrio adequado à perspectiva de um país melhor, mais desenvolvido e mais humano.

2. *Possibilidade do estabelecimento de tecnologia autóctone*

A decisão de desenvolver-se, num país, é problema de natureza eminentemente política e não de sentido econômico ou técnico. No Brasil, os planos desenvolvimentistas que têm sido anunciados mostram uma preocupação sempre crescente com os rumos da Educação e da Tecnologia.

Nos próximos quatro anos serão aplicados em Educação, na execução de pelo menos 20 projetos de alta prioridade, Cr$ 26 bilhões, ou seja, a média anual de Cr$ 6,5 bilhões (a preços de 1970). Isso corresponde ao nível do PIB de vários países subdesenvolvidos.

Na área de Desenvolvimento Científico e Tecnológico, o total de dispêndios será de Cr$ 1 470 milhões, para execução de 35 projetos prioritários. Nas indústrias intensivas de tecnologia, os investimentos previstos são de Cr$ 3 bilhões em siderurgia, Cr$ 4 bilhões em indústrias químicas, Cr$ 2 bilhões em indústrias elétricas e eletrônicas e Cr$ 500 milhões em indústria aeronáutica.

O Brasil tem como imperativo de sua própria sobrevivência a conquista de rápida aceleração do processo de desenvolvimento, a partir do aperfeiçoamento de tecnologia existente e da gradual adaptação da tecnologia estrangeira.

O segundo passo, de grande importância, refere-se à criação de uma tecnologia própria, que se incorpore ao sistema econômico, tendo em vista a ocupação de nosso espaço nacional, sobretudo em termos sócio-econômicos e culturais, o que demanda um conhecimento científico e tecnológico adequado às exigências da sociedade e aos limites de nossos recursos.

Somente a pesquisa, solidamente apoiada numa cultura voltada para os problemas nacionais, pode criar tecnologia nativa. O elemento fundamental, aqui, não é, necessariamente, o objeto ou o método da pesquisa, mas a existência de um meio cultural propício.

O Brasil já plantou algumas sementes de tecnologia própria, embora em escala pequena constituam relevantes e promissoras iniciativas. A Companhia Siderúrgica Nacional e a Petrobrás, por exemplo, são iniciativas brasileiras que, embora utilizando a tecnologia do Exterior, formaram-se a partir de um patrimônio cultural de inspiração nacional.

Iniciativas mais recentes, como a EMBRATEL, a SUDENE, a EMBRAER e muitas indústrias amparadas pelo BNDE, na área privada, produzem tecnologia nacional a partir da tecnologia importada. É evidente, contudo, que essas iniciativas tenderiam a se esgotar rapidamente, se vier a faltar um apoio cultural sólido e permanente.

OPÇÃO BÁSICA

A missão de elaborar e transmitir uma tecnologia própria cabe à Universidade como centro criador e irradiador de cultura. A adequação da Universidade ao tempo econômico e social e às necessidades de transformação da realidade brasileira está a exigir a reformulação da política de pesquisa científica e tecnológica, integrada à cultura, e que tenha em vista acelerar o processo econômico de acordo com um projeto nacional e um plano de sociedade futura.

A formulação de uma política de pesquisa científica e tecnológica, integrada ao processo cultural, esbarra, de início, com uma opção básica: ou nos empenhamos na meta da elaboração de uma tecnologia voltada para as necessidades de desenvolvimento, em consonância com os objetivos de uma sociedade nacional, planejada em função de nossa realidade e dos nossos objetivos específicos como nação, sem prejuízo da acumulação e emprego das metodologias internacionais, ou nos integramos como apêndice à corrida científica e tecnológica das grandes potências, animados da ilusão e da falácia de reduzirmos o *gap* que divide o mundo num fosso ainda intransponível.

Nenhum país pode viver dependendo eternamente do *know-how* internacional. A questão não se coloca em termos de corrida, visando à eliminação do *gap*, mas do favorecimento da realização de pesquisas de Ciência e Tecnologia, em resumo, da adoção de uma política que implique na transferência para o país de suas opções de decisão, científica e tecnológica.

3. *Objetivos de uma Política Científica e Tecnológica*

A tentativa de esquematizar os objetivos de uma política científica e tecnológica tem sido dificultada pela pluralidade de instituições brasileiras envolvidas no nosso aprimoramento tecnológico e que, em função da multiplicidade de comando e orientação, não apresentam como resultados um esforço comum sempre dirigido no mesmo sentido.

Não significa com isso que se procure, num país com dimensões continentais, estabelecer uma regra fixa, um ponto de vista uniforme ou uma forma automatizada de execução. Entretanto, a urgência de uma orientação comum já está caracterizada desde há muito.

Por outro lado, bastante se tem escrito a respeito de nossa política científica e tecnológica. Um trabalho digno dos maiores encômios e que reuniu especialistas de todo o país, sob a égide do Conselho Nacional de Pesquisas e cujos resultados devem ser muito e profundamente analisados, é aquele originado do "Encontro de Instituições de Pesquisa e de Apoio à Tecnologia Nacional" realizado em maio de 1971 no Instituto de Pesquisas Tecnológicas da Universidade de São Paulo.

De qualquer forma deixar-se-ão abordados, a seguir, tópicos que poderiam ser extremamente úteis à discussão no presente Simpósio e que têm sido permanente preocupação de todos os encontros desta natureza:

A. A importância do problema de formação do pessoal, não somente destinado à pesquisa tecnológica ou científica mas também à produção em geral. É notória nossa carência de pessoal especializado de nível médio, sendo a sua existência e participação fundamentais para o desenvolvimento nacional.

B. A tecnologia importada, implantada no país segundo o modelo de substituição de importações, não tem, por ausência de suficiente capitalização nacional nas indústrias — em adição à permanente fome de técnicos de nível médio — encontrado campo para sua definitiva e efetiva fixação no contexto industrial brasileiro.

C. Na obtenção de uma tecnologia autóctone, o Brasil não pode, em curto prazo, encontrar soluções milagrosas sem que em sua infra-estrutura técnica de pessoal e material tenha atingido uma auto-suficiência relativa através da participação e aproveitamento do *know-how* externo já disponível. Isto se deveria, talvez, ao excessivo hiato entre o nosso nível e aquele dos países mais desenvolvidos, que dificultaria a realização de pesquisa a partir do zero.

Reconhece-se que a sistematização e a objetividade de uma política estão ligadas a fatos específicos resultantes da observação do quotidiano e através de medidas progressivas será possível encontrar uma fórmula de um desenvolvimento científico e tecnológico autônomo.

A existência de empresas multinacionais pode permitir a realização, no Brasil, de um sem-número de pesquisas-satélites, que progressivamente, partindo dessa dependência inicial, poderia nos dar uma independência como meta.

Sabe-se quanto seria difícil a admissão e a submissão a esse princípio, mas acredita-se que a compreensão do atual *status* mundial nos força a admitir um papel secundário em curto prazo para se tentar algumas lideranças setoriais em termos mais longos.

Em resumo e concluindo, seria provavelmente necessário:

a. Criação de um sistema nacional de normalização.

b. Prestigiar a aquisição de produtos nacionais pelas organizações públicas (incluindo as Forças Armadas) e pelos setores privados — estes últimos já em relativo controle através do Conselho de Política Aduaneira e Banco do Brasil (CACEX).

c. Encontrar uma fórmula viável para que os Institutos de Pesquisa possam atender às necessidades mediatas e imediatas da indústria.

d. Procurar simplificar os árduos processos de transferência de tecnologia através de grandes contingentes de pessoal especializado os quais poderiam ser formados por ação coordenada do Governo e da iniciativa privada.

e. Contratação de técnicos estrangeiros para, assistidos de perto por especialistas nacionais, trabalharem no país e em função da infra-estrutura existente.

f. Aumentar as despesas em tecnologia, com apoio à necessidade imediata da indústria, sem detrimento da pesquisa pura e de objetivo a prazo mais longo.

g. Incentivo às indústrias que pesquisam e modernizam ou adaptam seus produtos às peculiaridades brasileiras.

Muitos outros pontos poderiam ser citados mas, nesta curta aproximação ao problema, desejar-se-ia, apenas, polemizar os seus aspectos e fazer votos para que deste Seminário sugestões objetivas possam emanar para auxiliar as autoridades brasileiras a equacionar e resolver os múltiplos aspectos da pesquisa no país.

IMPORTAÇÃO DE TECNOLOGIA

A análise dos problemas decorrentes da transferência de tecnologia em geral e da sua importação em particular é por demais complexa no seu aspecto global, posto que envolve múltiplas facetas de natureza histórica, econômica, social, política e cultural, cada uma delas exigindo profunda análise.

A descrição das vantagens e inconvenientes da importação tecnológica depende da localização espácio-temporal do que pretendemos analisar. Para efeito de simplificação, restrinjamos a nossa análise ao Brasil no início da década dos 70, levando-se em conta, exclusivamente, alguns aspectos econômicos e os objetos de uma política econômica e social.

Mesmo numa análise deste tipo é necessário, entretanto, não esquecer a natureza intrinsecamente científica da tecnologia moderna, o que, de certo, alarga o campo em estudo. Também a capacidade de absorção e transformação da tecnologia transferida depende diretamente da estrutura econômica e da política de desenvolvimento, bem como, em decorrência desta, ou talvez como causa, da estrutura educacional do país.

Não podemos deixar de ressaltar, no início desta análise, a falta de tradição científica da nossa cultura devida às influências do espírito e dos métodos escolástico-aristotélicos. A este fato podemos acrescentar dois outros da maior significação. O primeiro deles se refere ao grande retardo com que foram instaladas as primeiras Universidades brasileiras, constituídas num aglomerado de escolas profissionais; o segundo fato de significação foi a estrutura colonial de nossa economia, baseada fundamentalmente na exportação de produtos primários, que se manteve quase inalterada até a Segunda Guerra Mundial.

Desejamos esclarecer que não consideramos como transferência de tecnologia aquela contida nas máquinas e equipamentos que importamos, sobre as quais nosso conhecimento se restringe à mera operação de rotina. Ressalvadas as conveniências, de natureza estritamente econômica, de uma determinada etapa do desenvolvimento econômico, essa espécie aparente de transferência, que aqui designamos de "caixa preta", não constitui uma real transferência. Outro tipo de transferência de tecnologia que nos parece ilusória é a da simples importação de patentes, processos, marcas etc., que representam apenas "receitas tecnológicas", que resultam de um *know-how* que não é transferido. Entendemos como tecnologia todo o acervo de ciência pura e aplicada e o seu correspondente desenvolvimento que substancializa um equipamento, um *engineering*, um *design*. Esta conceituação parece-me fundamental, principalmente devido à ilusão dos que, ao comprarem o projeto de uma fábrica, por exemplo, pensam estar transferindo tecnologia, quando na realidade estão comprando "receitas" tecnológicas que, na ausência de assistência técnica ou com a evolução dos processos tecnológicos, tornam-se rapidamente obsoletas, retirando aos seus possuidores qualquer possibilidade de competição, tornando-os, conseqüentemente, incapazes de participarem de um processo sadio de desenvolvimento econômico. Não significa, entretanto, que um país, dentro da sua estratégia de desenvolvimento, não possa adotar como tática a simples importação de "receitas" tecnológicas e "caixas pretas", visando superar determinados estágios do seu processo de desenvolvimento econômico, como aliás ocorreu com o Brasil na fase chamada de "substituição de importações". O importante, entretanto, é não perder de vista a estratégia global e considerar essa fase como um risco calculado. Há que admitir que a implantação de um sólido processo de desenvolvimento não depende apenas de decisão unívoca do país interessado. Daí a necessidade e mesmo a justificação do uso de táticas específicas, parte da estratégia global. Também a transferência de "receitas" e "caixas pretas" introduzem uma componente importante de experiência e aprendizado que eventualmente pode se tornar a base de uma absorção de tecnologia, embora isto não ocorra enquanto não exista no país uma capacidade científica e tecnológica mínima.

Não pretendemos, obviamente, no bojo deste modesto trabalho, realizar uma análise crítica do processo de desenvolvimento econômico brasileiro, nem acrescentar nada de novo nessa análise, mas, apenas, firmar alguns conceitos que se vinculam diretamente à importação de tecnologia, seus inconvenientes e vantagens, que nos parecem de fundamental importância.

A transferência de tecnologia, na conceituação acima descrita, constitui-se, a nosso ver, em parâmetro de importância para a atual fase do desenvolvimento brasileiro. Ademais, essa transferência é viável desde que as vigorosas medidas que vêm sendo tomadas pelo Governo se mantenham sistematicamente e num crescendo, pelo menos durante a atual década. Naturalmente essas medidas serão sujeitas constantemente a uma análise crítica e, como conseqüência da própria experiência, a ajustes e correções. A natureza intrinsecamente científica da tecnologia moderna, como ressaltada anteriormente, reforça a necessidade de um desenvolvimento científico sólido que seja capaz de dar à estrutura tecnológica do país os alicerces de uma verdadeira transferência de tecnologia, com as correspondentes absorções e inovações que se fazem necessárias nessas transferências. Somente com os alicerces, entretanto, não será possível dar à nação capacidade de transferência de tecnologia. Entendemos ser a ciência fundamental ou básica uma faixa do largo espectro do processo tecnológico. Excluída a sua componente cultural, de grande importância, tem a ciência fundamental um papel complementar, embora chave, no processo de desenvolvimento tecnológico, e, conseqüentemente, na capacitação do país em realizar transferência de tecnologia. Parece-nos incorreta a posição daqueles que acreditam que todo o problema tecnológico brasileiro será resolvido exclusivamente através da ciência fundamental. Parece-nos também incorreto e imprudente o deslocamento das atividades da ciência fundamental para um segundo plano de prioridade.

Os meios pelos quais se realiza a transferência de tecnologia são múltiplos e complexos, alguns dos quais podem ser classificados na categoria de "caixas pretas" e "receitas tecnológicas", referidas acima. Entre esses meios podemos citar o decorrente de inversões estrangeiras e transferência de procedimentos técnicos; importação de equipamentos e ferramentas; acordos relativos ao uso de licença e patentes; programas de cooperação técnica multilateral e bilateral, tanto oficiais como privados; deslocamento de tecnólogos e cientistas entre os países, inclusive através de imigração; estágios e treinamento, bem como a participação em congressos e seminários no exterior; informações técnicas através de bibliografia especializada etc.* Outro mecanismo sempre citado por economistas é aquele das empresas multinacionais que, instalando no país suas subsidiárias ou associadas, trazem consigo o *know-how* necessário, em geral de alto nível tecnoló-

---

(*) Para o caso brasileiro, o Dr. Francisco Biato e colaboradores, do IPEA, concluíram recentemente um estudo sobre a transferência de tecnologia para o setor industrial que tem como objetivo central a análise da natureza e magnitude da tecnologia importada, procurando identificar as diversas formas e características dessa tecnologia.

gico. Nestes casos, embora as vantagens econômicas imediatas possam parecer claras, pouco representam como transferência tecnológica para o país, dentro da concepção que aqui apresentamos. A rigor, essas subsidiárias de empresas multinacionais apenas mantêm no país a sua sede de operação, ficando completamente dependentes das matrizes quanto à tecnologia, onerando, portanto, o país recipiente com o custo tecnológico.

Thomas Allen e outros do M.I.T., em recente trabalho, estudaram alguns mecanismos de fluxo de informações tecnológicas. Consideram que a maneira mais eficiente pela qual se processa, na prática, a transferência de tecnologia, a nível de empresa ou instituições de pesquisas, é através dos chamados *technological gatekeepers,* que são pesquisadores diferenciados que funcionam como verdadeiros *pivots* de informações, servindo de intermediários entre a média dos pesquisadores e as fontes de informações externas. Estes indivíduos, em geral, mantêm constante intercâmbio informal com um grande número de colegas pertencentes a instituições de pesquisas e universidades estrangeiras. Sendo os *gatekeepers* os elementos mais importantes no fluxo de transferência de tecnologia, Allen estudou as características de formação desses indivíduos. Concluiu que não são necessariamente aqueles que tiveram formação universitária no exterior. Entretanto, uma alta proporção dos *gatekeepers* (89,3%) ou foram empregados em uma agência ou firma estrangeira, ou estiveram trabalhando como pesquisadores em instituições de pesquisas, em outros países, como estagiários ou durante o ano sabático. Recomenda Allen a necessidade de estimular a participação dos *gatekeepers* em conferências internacionais, bem como, a cada cinco ou dez anos, motivá--los a trabalhar durante um ano em instituições de pesquisas oficiais ou privadas no exterior, de maneira a evitar o seu declínio como peça fundamental do processo ou transferência de tecnologia.

Além dessas evidências, o fenômeno dos *gatekeepers* apresenta-se como um dos mais baratos processos de importação de informações tecnológicas, devendo, pois, ser aproveitado ao máximo nos países em desenvolvimento. Os estudos de Allen estão mais de acordo com o conceito de transferência de tecnologia aqui apresentado do que aquele geralmente aceito.

Nenhum país, empresa ou instituição de pesquisa pode ser tecnologicamente auto-suficiente: faz-se sempre necessário importar parcela relevante de tecnologia. A eficácia dessa transferência pode ser um fator básico do seu sucesso.

A capacidade de absorver conhecimentos tecnológicos está intimamente relacionada com a própria capacidade de desenvolvimento de tecnologia autóctone. Para certos ramos industriais, essa capacidade de criar e assimilar tecnologia é vital ao seu desenvolvimento, como é o caso das indústrias químicas e petroquímicas. Em trabalho realizado para as Nações Unidas, intitulado "Pesquisa e Desenvolvimento em Indústria de Plásticos", M. Honde apresenta os seguintes resultados para 475 empresas, no período 1957/1960, nos Estados Unidos:

Gastos em R e D (% das vendas)	Nº de Empresas	Aumento dos Lucros %
acima de 8,5	10	+ 238
5,0 a 8,5	10	+ 147
3,5	30	— 11
3,0	425	— 7

Uma vez estabelecida a conceituação de transferência real de tecnologia, e induzidas as suas vantagens assim como os inconvenientes da transferência de "receitas tecnológicas" e "caixas pretas", embora reconhecendo estas últimas como um mal necessário à superação de uma determinada fase do desenvolvimento econômico do país, resta-nos analisar a possibilidade de desenvolvimento de uma tecnologia própria.

Admitindo como superada a fase de desenvolvimento baseado na substituição de importações e tendo em vista a necessidade de intensificar o aumento de exportações, principalmente de manufaturados, e definindo-se como meta governamental a manutenção, durante um logo período, de uma taxa de crescimento do produto bruto entre 7 e 9%, a possibilidade de se desenvolver tecnologia autóctone torna-se uma necessidade e, portanto, um programa de alta prioridade nacional. Acreditamos não haver mais dúvidas quanto a essa necessidade. Resta apenas definir uma estratégia. É necessário ressaltar que a fase em que o Brasil iniciará a produção de tecnologia autóctone coincidirá com aquela em que se dará, de maneira sistemática, a real transferência de tecnologia, de maneira automática e natural.

Três elementos básicos possibilitarão o atingimento da fase acima descrita. São eles:

a) existência de fartos recursos humanos de alta qualificação científica e tecnológica;

b) fortalecimento das empresas nacionais que devem ser orientadas no sentido de suprir internamente, em ritmo crescente, suas necessidades tecnológicas;

c) participação intensa das universidades e dos institutos de pesquisa governamentais ou privados no esforço de desenvolvimento científico e tecnológico, em íntima vinculação com o sistema produtivo.

A participação da ciência básica no processo de desenvolvimento tecnológico autóctone é fundamental, não só pelo papel que tem na formação de cientistas e tecnólogos, pelo avanço que pode ocasionar na tecnologia através de novas descobertas científicas, bem como no próprio processo de inovação tecnológica. A contribuição da ciência básica na inovação tecnológica é mais significativa em determinados setores industriais, por exemplo, a indústria química. No quadro abaixo são discriminadas as porcentagens de recursos despendidos em ciência básica, ciência aplicada e desenvolvimento, no EUA e no Japão, comparando essas porcentagens entre a indústria química e outras indústrias, tomadas como um todo.

Inovação Tecnológica (%)	EUA		JAPÃO	
	I. Química	Outras	I. Química	Outras
Pesquisa Básica	12,5	4,0	14,0	3,0
Pesquisa Aplicada	41,0	18,0	40,0	20,0
Desenvolvimento	46,5	78,0	46,0	77,0
	100,0	100,0	100,0	100,0

O tipo de pesquisa básica a que se refere o quadro acima toma, às vezes, na literatura, a designação de pesquisa básica aplicada. Não podemos também deixar de ressaltar a importância da chamada pesquisa básica livre, mais desenvolvida no âmbito das universidades.

Excluindo no passado o trabalho desenvolvido pelo Instituto de Pesquisas Tecnológicas (IPT) de São Paulo e um pouco do Instituto Nacional de Tecnologia, pouco se fez no país em pesquisa tecnológica. Comparativamente não é desprezível o que tem sido feito em ciência básica graças à ação do CNPq, da FAPESP e de outras organizações. Só muito recentemente é que se iniciou a intensificação do desenvolvimento tecnológico principalmente pela ação do CTA, ITAL e pela revitalização do IPT e, na área universitária, pela criação dos cursos de pós-graduação em Engenharia. Nestes programas foi fundamental a participação do BNDE através do FUNTEC e mais recentemente do Fundo Nacional para o Desenvolvimento Científico e Tecnológico, vinculado ao Ministério do Planejamento e Coordenação Geral.

O programa de Metas e Bases para Ação do Governo colocou a Ciência e Tecnologia juntamente com a Educação e a Agricultura como os grandes setores prioritários. Medidas específicas como o fortalecimento técnico e administrativo das instituições de pesquisa, a criação da carreira do pesquisador, a criação de um sistema nacional de informações científicas e tecnológicas, a criação de um orçamento para a Ciência e Tecnologia, a intensificação dos cursos de pós-graduação, a reforma das universidades, o disciplinamento dos contratos de importação de tecnologia bem como algumas medidas no setor econômico tais como a criação do Fundo de Modernização Industrial e os incentivos para o aumento de exportações, entre outros, constituem-se em iniciativas governamentais de grande alcance e que certamente serão complementadas com outras, algumas delas já em estudo.

IMPORTAÇÃO TECNOLÓGICA: IMPLICAÇÕES NO CRESCIMENTO ECONÔMICO

Limitação do assunto e definições iniciais

Embora seja possível tratar de uma política científica e tecnológica e de seus objetivos, em abstrato, deduzindo-se desse tratamento certas generalidades de aplicação válida, considerou-se que esse nível forçado de abstração seria menos proveitoso e rico em ensinamentos do que a limitação do assunto a países subdesenvolvidos em geral — o que está implícito no título do tema escolhido — e muito especialmente ao caso brasileiro visto na atualidade.

Os objetivos visados serão, portanto, vistos basicamente em termos nacionais, como os objetivos que, numa primeira aproximação, parecerão adequados para uma *política científica e tecnológica* brasileira. Esses objetivos serão, obviamente, um subconjunto dos objetivos nacionais vistos como um todo.

É, por outro lado, extraordinariamente difícil enunciar com clareza objetivos nacionais, pelo fato mesmo de que a generalidade destes é antagônica a definições precisas, pois a própria expressão de "generalidades", se considerada num senso preciso, é uma contradição. Em termos últimos, quase todos os objetivos nacionais são mais facilmente expressáveis na vaga forma de liberdades e ausências, como liberdade de opções, liberdade de interferência externa, ausência de coerção, liberdade do empreendimento, etc., todos tendendo para um impreciso Nirvana nacional apenas vislumbrável e longínquo.

Em termos intermediários e mais próximos, i.e., a médios prazos, e sem tentar uma enunciação completa, parece indiscutível que se pode indicar como objetivos essenciais do país — ainda subdesenvolvido — algumas das condições necessárias da sua viabilidade, tais como a segurança nacional, o desenvolvimento econômico, a estabilidade política e a harmonia social. Essa ordem de enunciação não representa ponderação da importância desses objetivos, cuja interdependência é suficientemente estreita para que a ausência de qualquer deles invalide necessariamente a viabilidade nacional. Poder-se-ia dizer que a resultante, em termos de objetivos nacionais, não é a soma e sim o produto lógico dessas quatro condições, pois a ausência de qualquer delas torna o resultado nulo.

Os objetivos de uma política científica e tecnológica, como subconjunto dos objetivos nacionais, devem representar aquelas condições nas áreas científica e tecnológica que são necessárias para o atingimento desses objetivos nacionais. Tentar-se-á mostrar adiante que isso não tem acontecido no Brasil. Antes, porém, de entrar na substância da matéria, é necessário separar e definir com a possível precisão o que se entenderá adiante por Ciência e por Tecnologia.

Ciência consiste, descritivamente, no conjunto de definições, categorizações e mensurações das unidades significativas que constituem o universo objetivo e dos axiomas e hipóteses que subjetivamente os completam, bem como nos passos lógicos que os inter-relacionam e permitem a dedução de um conjunto (em expansão) de conhecimentos sobre o universo e, muito especialmente, a previsão de acontecimentos futuros.

Parece útil subdividir Ciência em pura e aplicada. A linha divisória entre as duas é de natureza teleológica, pois o que as separa é a intenção do cientista ao realizar o seu trabalho. Ciência pura tem como objetivo a expansão do conhecimento humano, independentemente de qualquer aplicação futura do mesmo a não ser possivelmente como novo ponto de partida para novas incursões de reconhecimento no desconhecido. Ciência aplicada usa os mesmos métodos, porém objetiva uma aplicação determinada, na maioria das vezes de natureza direta ou indiretamente econômica.

Tecnologia consiste na aplicação de conhecimento e método científicos ao processo produtivo, nas condições específicas do mercado, a fim de maximizar os ganhos líquidos do empresário. Esses ganhos líquidos podem ser o lucro do empresário em sistema de livre empreendimento (em que o lucro é representado pela diferença entre os custos, no mercado, dos fatores de produção utilizados, e o preço final do produto) e podem ser o lucro social de um empreendimento do Estado, deduzidos os custos correspondentes ao preço de mercado dos fatores empregados.

Tecnologia, portanto, contém ciência, porém se diferencia da mesma no sentido de que o seu universo de aplicação é exclusivamente o econômico, dependendo dos níveis e variações dos custos dos fatores de produção utilizados (capital, terra e trabalho) e, a curtos prazos, dos perfis da demanda esperada e, a longos prazos, dos perfis da demanda encontrada.

Objetivos de uma política científica

Estabelecido o fato de que, como política, os objetivos científicos de um país têm de subordinar-se aos objetivos nacionais, convém destacar outros aspectos essenciais a uma política científica para países subdesenvolvidos em geral e para o Brasil em particular.

O primeiro desses aspectos consiste no fato de que o processo ou método científico pode ser aplicado tanto para a expansão do conhecimento universal, erodindo aquelas áreas do desconhecido que são cognoscíveis pela mente humana — o que é o seu objetivo normal — quanto para treinamento, de um lado como parte essencial de uma atitude humana para com a natureza e o universo, e, de outro lado, como componente essencial da atitude inovadora sem a qual dificilmente se obtém desenvolvimento econômico a longos prazos. É evidente que só no primeiro caso se trata de verdadeira ciência, ou daquilo a que se poderia chamar de "fazer ciência", sendo o segundo um indispensável método para a formação eventual de cientistas.

Em segundo lugar, convém destacar que fazer ciência em país subdesenvolvido é material e humanamente difícil. As bases de partida são em geral inadequadas, fazendo, a maioria dos cientistas, parte de um Universo científico aquém das fronteiras do conhecimento, com parcos recursos técnicos e econômicos e com baixa possibilidade para a indispensável intercomunicação com seus pares nacionais e estrangeiros em campos afins do conhecimento. Em tese — o que comporta honrosíssimas exceções — a fronteira do conhecimento em país subdesenvolvido, embora contida pelo conhecimento universal, não contém este e, mesmo em casos de igualdade de competência, os números relativamente baixos de cientistas em atividade não favorecem o componente probabilístico inerente, em maior ou menor grau, a todo processo de descobrimento.

Por outro lado, o conhecimento científico tende a ser "livre" para aqueles capazes de apreendê-lo. Todo descobridor científico tende a publicar suas descobertas e suas especulações teóricas, bem como a indicar os problemas encontrados e resolvidos no caminho percorrido. Além de basicamente livre, o conhecimento científico é de aplicação universal. Uma verdade científica não depende do lugar, do tempo, da renda *per capita,* das preferências emocionais ou do nível de nutrição dos povos que a acolhem. Ciência pura tende, portanto, a ser de aplicação universal e a ser um bem livre, de fácil ou barata aquisição (embora não de fácil cognição).

Em contrapartida, a expansão do conhecimento científico mundial através de pesquisa em país subdesenvolvido, além de singularmente difícil (pelas razões apontadas), esbarra com o fato de que, ao partir de segundas ou terceiras linhas de conhecimento, haverá sempre fortes probabilidades de duplicação de trabalhos já realizados. Em outras palavras, países muito ou parcialmente subdesenvolvidos tenderiam a desperdiçar recursos ao tentar realizar pesquisas na fronteira do *seu conhecimento,* que não seria necessariamente a fronteira *do conhecimento humano* (o que comportaria, como também indicado, honrosas exceções).

As conseqüências lógicas dessas proposições são facilmente delineáveis:

1º) Se o conhecimento científico tem validade universal;

2º) Se o conhecimento científico tende a ser livre ou de aquisição muito barata, por importação;

3º) Se fazer pesquisa científica pura em país subdesenvolvido esbarra com dificuldades institucionais inerentes ao estágio de subdesenvolvimento, não superáveis sem a superação deste;

4º) Se a probabilidade de duplicação ou repetição de descobertas científicas já obtidas em países desenvolvidos é muito alta no esforço de pesquisa pura em países subdesenvolvidos,

então a política científica acertada para um país subdesenvolvido, como o nosso, deverá conter, como um de seus ingredientes, a "importação maciça e sistemática de conhecimentos científicos" de todo o mundo, onde quer que estejam disponíveis. Seria de pouca valia querer evoluir cientificamente em função de pesquisa (pura) própria, pois a natureza cumulativa do conhecimento humano e a decorrente aceleração do processo de acumulação desse conhecimento garantiriam um hiato crescente de conhecimento científico entre os vanguardeiros científicos e todos os demais. Essa política não deveria impedir, muito pelo contrário, aquela pesquisa de vanguarda que se legitimaria pela disponibilidade eventual de vantagens excepcionais, como condições geográficas específicas, o advento probabilisticamente sempre possível de excepcionais vocações científicas etc. (o encontro, no Brasil, de Carlos Chagas e do "barbeiro" são bom exemplo). Porém, fazer ciência pura em país subdesenvolvido representa, em tese, má distribuição dos recursos escassos disponíveis para desenvolvimento e, como tal, um freio ponderável para o mesmo, contrariando, portanto, um importante objetivo nacional (e, a partir dele, prejudicando os demais). A importação maciça e sistemática de conhecimentos científicos tem como objetivo fazer coincidir os conjuntos representados pelo conhecimento nacional e o universal, empurrando rapidamente, as fronteiras do primeiro para os limites do segundo. Porém, atingido esse ponto, a continuação do desenvolvimento exigirá que o país esteja preparado para fazer contribuições originais no campo da ciência pura. Para isso deverá ter criado a massa cultural de onde sairão os seus pesquisadores.

Nada do que foi dito até agora implica em menosprezo ou atraso na formação de cientistas, o que exigirá certo grau de alteração dos métodos de ensino nas áreas científicas de primordial interesse para o país. O cientista é quase sempre uma criatura excepcionalmente dotada, ou ao menos excepcionalmente dotada em campo específico da inteligência (o que pode, às vezes, ser obtido em detrimento de áreas mais rotineiras da percepção humana), porém, para que medrem as suas aptidões pesquisadoras, deverá ser imergido tão cedo quanto possível em caldo de cultura adequado às suas tendências, cujos principais ingredientes devem ser a atitude questionadora e inovadora e a aplicação implícita de método científico. Deverá também ser imergido em ambiente institucional que lhe permita a experimentação sistemática em vez da memorização passiva. A criação desse universo científico tem de caminhar *pari passu* com a importação do conhecimento científico, pois, se assim não for, perder-se-á, cedo ou tarde, o benefício da importação. Existe, aparentemente, uma contradição entre a tese de se importar toda (ou quase toda) a ciência disponível no mundo antes de começar a pesquisar por conta própria e, simultaneamente, criar cientistas no país. Essa contradição não é de natureza fundamentalmente antagonística, podendo-se conciliar ambos os objetivos, como se verá.

O trabalho de coletar, catalogar, difundir de forma adequada (e para quem possa absorver e evoluir sob o impacto respectivo) o conhecimento científico mundial é obra ciclópica a ser iniciada imediatamente; essa obra é, simultaneamente, pré-requisito para o início de atividades de pesquisa significativas para o país, porém não é necessário que esteja terminada para se iniciar o preparo intensivo e extensivo dos cientistas nacionais. Esse preparo se deve fazer muito mais em função dos citados hábitos questionadores, inovadores e experimentadores do que propriamente em função do nível científico em que o cientista (ou candidato a cientista) está imerso durante o seu período de aprendizado.

Não deixa de ser interessante relatar aqui um experimento interessante que diz respeito a esse assunto. Uma universidade norte-americana resolveu um dia inverter o ataque teórico ao problema do desenvolvimento econômico a fim de verificar se, com isso, conseguia melhor esclarecer a essência do mesmo. Assim, em vez de pesquisar as medidas necessárias ao "desenvolvimento", passou a pesquisar aquelas que seriam necessárias a fim de impedir o desenvolvimento de uma comunidade nacional. O trabalho chegou a conclusões interessantes, entre as quais as fundamentais foram as seguintes: 1º) para se manter um país subdesenvolvido, o mais eficiente método consistiria em nunca lhe dar meios de pesquisa científica e formação de tecnologia própria; e, 2º) a melhor maneira de se impedir o aparecimento de pesquisa científica e tecnologia próprias consistiria em oferecer a esse país, moderada e seletivamente, os "resultados da pesquisa" e nunca os "métodos e processos de pesquisa".

O maior perigo será, portanto e evidentemente, o de passividade científica e tecnológica. No que diz respeito à Ciência, torna-se indispensável conduzir os dois programas — importação de conhecimentos científicos e formação de competência e atividades científicas — como se fossem as duas faces da mesma moeda que se integrará eventualmente no processo nacional de pesquisa pura e aplicada. É de toda conveniência que o programa de treinamento propriamente dito, conduzido desde o início em termos de experimentação, seja levado tão cedo quanto possível para a pesquisa aplicada a problemas nacionais. O número de problemas ou elementos caracteristicamente nacionais em áreas de interesse científico e com relevância para o desenvolvimento econômico pode não ser esmagador, porém o número desses problemas e elementos com "complicadores" nacionais é relativamente grande. A complementação do conhecimento científico mundial por pesquisa realizada em condições nacionais características pode ser o campo por excelência para o treinamento universitário do cientista brasileiro, convindo um amplo esforço de identificação das áreas em que esse treinamento poderá apresentar, como subproduto, importantes resultados (ou retornos, em linguagem econômica) em termos de informação científica relevante para os objetivos nacionais.

Os objetivos de uma política tecnológica

Tecnologia é, fundamentalmente, a aplicação de conhecimentos e de método científico às condições do mercado de fatores de produção e de bens e serviços, de forma a maximizar certos objetivos. Nos países de livre empreendimento, maximiza-se o lucro do empresário, entendido como o resultado positivo da subtração dos custos de produção, dos preços, no mercado, do bem ou serviço produzido. O somatório de todos os esforços maximizadores é suposto representar para o país, como um todo, uma ampla unidade de esforço que, "como se conduzida por mão invisível", proporcionará a maior riqueza compatível com a dotação de recursos e o estado das ciências e das artes. Nos países socialistas, o esforço maximizador ao nível da empresa pode almejar outros objetivos, tais como objetivos sociais, tecnificação acelerada da mão-de-obra, minimização ou maximização de utilização no processo produtivo, respectivamente, de um fator escasso ou de um fator abundante, por unidade de produção, etc.

Ter-se-á de entender aqui que os objetivos de uma política tecnológica, vista em termos nacionais, como os aqui considerados, transcendem amplamente os objetivos da unidade produtora. A firma — ou seu cérebro diretor: o empresário — só tem dois objetivos legítimos, que são a apresentação, em estágios sucessivos, do maior diferencial possível entre custos de produção e preço de venda do produto final e a maximização, em números absolutos, dessa magnitude, comumente conhecida como o "lucro líquido".

O objetivo formal da política tecnológica tem de ser a compatibilização a curtos, médios e longos prazos, dos objetivos do empresário com os objetivos nacionais. Essa compatibilização terá de ser feita, se possível, de forma tal que os objetivos microeconômicos (ou da firma) e os macroeconômicos (ou da Nação) se apoiem mutuamente, multiplicando seus resultados. Caso seja impossível uma compatibilização perfeita, a política tecnológica terá de ser formulada e conduzida de tal forma que sejam minimizadas as incompatibilidades.

Os objetivos nacionais já foram indicados. No caso de uma política tecnológica, talvez se possa considerar que o objetivo nacional do desenvolvimento econômico acelerado passe a primeiro plano, adquirindo uma prioridade específica no jogo das interdependências entre objetivos nacionais; os demais objetivos serão, em igual ordem de importância, a segurança nacional, a harmonia social e a estabilidade política. Considerar-se-á estabelecido o fato de que o objetivo formal ou instrumental (no sentido de meio para a consecução de fins) de uma política tecnológica nacional tem de ser a obtenção de um comportamento tal para a unidade microeconômica, dentro do universo dos objetivos nacionais, que se obtenha o máximo de compatibilidade e apoio mútuo entre os objetivos do empresário e esses objetivos nacionais.

Como chegar a esse resultado? A melhor forma talvez seja a de examinar em que grau isso aconteceu, especificamente, no Brasil, em passado recente e analisar as causas das possíveis discrepâncias de objetivos porventura encontrados em nossa "prática de absorção e criação tecnológica", já que seria difícil ou inapropriado falar em política explícita nessa área nas duas últimas décadas. Esse exame será feito nas duas seções subseqüentes deste trabalho, porém, antes de passar às mesmas, convirá explicitar alguns aspectos do processo tecnológico e da semântica utilizada na sua interpretação. Sem esse esclarecimento prévio, o risco de confusão na interpretação da análise será muito grande.

Explicitações preliminares

As maximizações indicadas acima são normalmente consideradas sob a designação de "produtividade".

O conceito de produtividade é vago, permitindo discussão em numerosos planos diferentes: o da produtividade física, o da produtividade microeconômica e o da produtividade macroeconômica. O conceito de produtividade pode ser também aplicado a cada fator específico da produção, como o capital, o trabalho e a terra. Nos primeiros planos indicados (físico, micro e macroeconômico) trata-se da produtividade da "equação de produção", ou seja, da composição tecnológica que reúne os fatores em determinado processo produtivo.

No sentido mais simples, a produtividade consiste na capacidade física, direta, de produção de um determinado fator, como, por exemplo, o número de litros de água que uma bomba (capital) pode elevar a determinada altura por unidade de tempo, ou por unidade de combustível, ou por unidade de desgaste. É essa a produtividade do engenheiro, do mecânico ou do agrônomo.

No sentido microeconômico (ou seja, no âmbito da firma), a produtividade é um conceito que relaciona os custos de produção com o valor final da produção. Computa não apenas a produtividade física, que é o resultado de pesquisa científica aplicada, mas também os preços relativos dos fatores de produção; e computa não apenas o número de unidades físicas produzidas, mas também o preço das mesmas no mercado. Uma determinada unidade de terra pode ser mais produtiva em arroz do que em trigo, medindo a produtividade pela tonelagem de arroz ou de trigo produzida, porém, se o preço da tonelada de trigo no mercado for muito superior ao da tonelada de arroz, então a produtividade microeconômica máxima será obtida produzindo trigo e não arroz. Produtivo, microeconomicamente, é o processo que, dado um determinado preço para os ingredientes necessários à produção (i.e., o preço ou custo dos fatores de produção) e dado o valor no mercado de produtos alternativos, produzíveis pelos fatores disponíveis, obtém a maximização do diferencial entre os custos incorridos e o valor total das rendas obtidas com a venda dos produtos no mercado.

No sentido macroeconômico, produtividade se refere às maiores unidades, como o Estado ou a Nação, ou, ainda, a grandes complexos regionais ou provinciais, que amalgamam grande número de firmas. Produtividade macroeconômica significa a obtenção do maior valor final para a totalidade da produção (nacional, regional ou provincial), através da aplicação, tão completa quanto possível, da totalidade dos recursos nacionais aos processos produtivos. Se, depois de conjugar os recursos nacionais necessários à máxima produtividade microeconômica de *todas* as firmas nacionais, ainda sobrarem recursos (em terra e trabalho, por exemplo), então a produtividade nacional poderá aumentar mais ainda se esses recursos excedentes forem equacionados de forma a produzirem também alguma coisa. Produtividade macroeconômica é virtual sinônimo de produção nacional (ou regional, etc.) máxima.

Tende a haver conflito entre produtividade microeconômica e produtividade macroeconômica, da mesma forma que pode haver conflito entre as produtividades física e microeconômica. A máquina fisicamente mais produtiva poderá ter, em determinadas circunstâncias, um preço excessivamente alto, tornando a produção desse equipamento menos favorável economicamente, do que a de outras com menor produtividade física. A obtenção de produtividade microeconômica máxima exige o abandono da aplicação de recursos marginais em terras, trabalho e equipamento. Em outras palavras, leva à produtividade máxima de umas poucas empresas, exigindo o abandono de recursos que, embora de baixa produtividade microeconômica, representam, pela sua abundância e disponibilidade, imensa capacidade produtiva, que pode exceder amplamente e das unidades microeconômicas de alta produtividade.

É evidente que o ideal será obter o máximo de produtividade microeconômica para um máximo de unidades produtoras. Enquanto isso não é conseguido, constitui sério erro e atraso para o desenvolvimento econômico o não-aproveitamento integral dos recursos produtivos do país, marginais ou não.

Existe ainda um outro aspecto do problema, decorrente do fato de que a produtividade "econômica" de cada fator de produção, tomado isoladamente, tende a conflitar com a dos demais fatores. Como nenhum fator opera isolado dos demais, a produtividade de cada um tende a depender — até certo ponto — da quantidade dos demais fatores com eles associados. A produtividade de uma unidade de terra aumenta com as quantidades de capital e trabalho aplicadas na mesma. A produtividade do trabalho aumenta com o capital — e em certos casos com a terra — disponível, e assim por diante.

O problema do desenvolvimento econômico não consiste em aumentar apenas a produtividade da terra ou do capital. Consiste em aumentar a produtividade macroeconômica do fator humano — por excelência o trabalho — em todas as suas aplicações ao processo produtivo. O destaque dos aspectos macroeconômico é necessário porque, no Brasil, a discussão da formulação de uma política tecnológica tem tratado da produtividade microeconômica de "empresas" ou "firmas" (que se tende a equacionar como produtividade do capital), com certo grau de ignorância ou descaso pela produtividade humana, do povo como um todo, medida pelo produto interno bruto *per capita*. E o resultado, em virtude da "falácia de composição", tem sido a frustração da própria produtividade econômica do capital.

Ao tratar da produtividade microeconômica, ignora-se o universo de atuação da firma, que exige um consumidor final para que o produto tenha "valor monetário". Esse consumidor final teria de ser obtido por excelência no trabalho remunerado. A ausência ou deslocamento deste pela produtividade física do capital impede a formação final do valor do produto no mercado e torna o capital microeconomicamente menos produtivo.

O principal objetivo nacional de uma política tecnológica deverá ser, portanto, a maior mobilização de fatores de produção de que seja capaz o país. Essa mobilização máxima de fatores, a serem remunerados na proporção de sua contribuição ao processo produtivo, acarretará a maior produtividade macroeconômica para a economia (que, nas fases iniciais, poderá ser compatível, em alguns setores, com baixa produtividade deste ou daquele fator).

Implicações no crescimento econômico

Antes de se examinar o impacto de uma determinada política tecnológica no crescimento econômico do país, torna-se necessária uma definição do processo de desenvolvimento econômico adotado e, se possível, uma indicação quantitativa dos principais parâmetros do atual estágio de desenvolvimento. Por razões óbvias, as quantificações necessárias não poderão fazer parte desta rápida análise, embora possa ser necessário indicar algumas ordens de magnitude, sobretudo no que diz respeito a relações intersetoriais da economia. O fato de o espaço não permitir a demonstração desses números não implica em que não tenham sido cuidadosamente aferidos (dentro dos limites permitidos pela precisão relativa das estatísticas brasileiras).

Como todos sabem, o produto interno bruto a preços do mercado de um país consiste no somatório de todos os bens, primários ou industriais, produzidos, e de todos os serviços prestados, multiplicados pelo preço final dos mesmos no mercado (preço este que inclui os impostos indiretos).

O produto interno bruto (PIB) a custo dos fatores, por seu lado, consiste no somatório de todas as magnitudes monetárias pagas aos fatores de produção para remunerar as suas atividades produtivas e mais do valor dos impostos diretos (deduzidos os subsídios, se os houver). A remuneração dos fatores pode consistir em pagamentos aos trabalhadores, ou em pagamentos por cessão de agentes produtivos, como a renda da terra, os juros do capital, ou, ainda, nesta concepção macroeconômica do PIB, os lucros do empresário (os impostos poderão ser vistos como a remuneração dos serviços prestados pelo Governo).

O importante é a necessidade da igualdade do PIB nos dois conceitos. Trata-se de duas maneiras de se ver a mesma magnitude. Porém essas duas maneiras são altamente esclarecedoras de três fatos importantes:

1º. O PIB não mede adequadamente o esforço físico despendido para a sua criação. O "preço" no mercado pode alterar substancialmente o valor final do PIB. Para o "mesmo esforço", o preço pode nos dar um alto crescimento ou nível do PIB, ou um baixo crescimento ou nível do PIB.

2º. É o encontro, no mercado, do fluxo de bens e serviços produzidos, com o valor monetário da remuneração dos fatores, que leva à formação dos preços e, assim, da magnitude final do PIB, num jogo de inter-relações.

3º. Sem a adequada remuneração dos fatores que contribuíram, direta ou indiretamente, para a criação dos bens físicos e dos serviços, não haverá um adequado estabelecimento de preços e cairá, assim, a magnitude do produto interno bruto. Nesse sentido, a remuneração dos fatores é tão importante quanto a produção física. Sem essa remuneração não haveria valores no mercado (ou seja, não haveria demanda efetiva, não haveria preços e, sem estes, valores).

A equilibrada remuneração dos fatores representa um papel crucial no desenvolvimento acelerado da economia de um país. Sem ela não se forma, no mercado, o preço economicamente justificado, tendendo a cair o valor do produto, o que fará com que a própria produção de bens e serviços tenda a reduzir-se, de modo a ajustar-se às disponibilidades de remunerações de fatores que, de fato, chegam ao mercado como demanda efetiva.

Na sociedade neocapitalista, de relativo livre empreendimento, como a nossa, os donos do capital e os da terra são uma minoria, o que equivale a dizer que os fornecedores do trabalho são a maioria.

Como importante fração do PIB destina-se a consumo, será o mesmo necessariamente pequeno se a maioria dos fornecedores do trabalho (grupo mais numeroso de consumidores) participarem do processo produtivo integrados em equações tais que o somatório de suas remunerações seja insuficiente para a aquisição daquela fração do produto final não consumida pelos donos do capital e da terra, deixando de constituir-se em demanda efetiva que poderá formar no mercado preços adequados para a produção.

Existe, assim, um problema fundamental, que consiste na necessidade de, através de uma adequada utilização dos fatores, elevar, equilibrada e rapidamente, o PIB do país. Além dessa necessidade de equilíbrio tecnológico para os fatores, deverá haver, também, outros tipos de equilíbrio entre os quais convém destacar a necessidade de equilíbrio nas relações inter e intra-setoriais.

Um aspecto importantíssimo dessas relações inter ou intra-setoriais consiste no fato de que a remuneração dos fatores (capital, trabalho e terra) ocupados em produzir os bens finais de consumo e os serviços não tende, em países de livre empreendimento como o nosso, a ser suficiente para comprar, no mercado, a totalidade desses bens e serviços produzidos. A fim de injetar no mercado os recursos monetários necessários, requer-se o aparecimento no mesmo da remuneração dos fatores ligados à produção de bens intermediários, ou seja, bens de equipamento (capital físico).

Com efeito, para cada modelo de desenvolvimento existem certas proporções necessárias entre os diferentes subsetores da economia, sendo esses parâmetros altamente estratégicos. Quase todo o equilíbrio (ou desequilíbrio do sistema econômico) está predicado ao comportamento do setor que produz bens de produção. No caso do Brasil, o subsetor correspondente à indústria mecânica, o produtor dos bens de equipamento e, em virtude da complexidade desses, o maior absorvedor de tecnologia, tem apresentado o mais baixo nível de produção relativa em todo o setor industrial, tendo atingido em 1969 apenas 40% do nível presumivelmente necessário. A principal causa dessa baixa *performance* parece ser a longa prática de financiamento internacional que, além de aumentar as poupanças disponíveis para investimento tem tido, infelizmente, o resultado colateral de haver sufocado, em certo grau, a iniciativa tecnológica no país e impedido o crescimento adequado do setor de bens de equipamento. Em condições normais de equilíbrio, e no nosso atual estágio de desenvolvimento, a indústria mecânica deveria representar o subsetor de maior produção no conjunto das indústrias manufatureiras. De acordo com o modelo adotado pelo país, esse subsetor (de indústrias mecânicas, e de equipamentos de transportes, de material elétrico, de material de comunicações) deveria ter produzido cerca de 31% da produção manufatureira. Em vez dessa proporção, equivalente a US$ 3 953,5 milhões, o subsetor produziu em 1969 apenas 17,25%, equivalentes a US$ 1 582,9 milhões, havendo um *deficit* de produção de US$ 2 370,6 milhões. Esse *deficit* tem de ser visto sob as duas facetas básicas em que é visto o PIB: — 1º um *deficit* da produção de bens propulsionadores do desenvolvimento; e 2º um *deficit* de poder aquisitivo (sobretudo em termos de salários) para a aquisição dos produtos finais de consumo produzidos pelo próprio setor industrial.

É evidente, portanto, a imensa importância estratégica do subsetor de produção de bens de equipamento no equilíbrio das demandas recíprocas das diferentes áreas produtoras e, obviamente, também pelo impacto que exerce no próprio processo produtivo, *inclusive na tecnologia nacional*.

Acontece que a política implícita e tradicional de endividamento tendeu nas duas últimas décadas a sufocar esse subsetor, criando os mais sérios problemas para a criação de uma tecnologia nacional e prejudicando a formação do mercado interno. Esse problema é tanto mais grave porque se trata, justamente, de uma área produtiva em que, apesar dos complexos e pesados equipamentos que usa, permite tecnologias com alta densidade da utilização da mão-de-obra.

Essa situação terá de ser invertida se o processo de desenvolvimento tiver de ser mantido a longos prazos. Em país de dimensões continentais como o Brasil e com população já beirando os 100 milhões de habitantes, só com o desenvolvimento do mercado interno de consumo (através da adoção de tecnologias que mobilizem, integrem e remunerem no processo produtivo todos os fatores de produção disponíveis) poderá o processo de desenvolvimento acelerado manter-se a longos prazos. Tanto a base demográfica como a geográfica são suficientes para a formação desse mercado. Se ele ainda é muito limitado (na realidade corresponde a um país de cerca de quarenta milhões de pessoas com uma renda *per capita* de US$ 1 000,00, e sessenta milhões de pessoas em nível de subsistência fora do mercado), parte do problema se prende justamente a essa marginalização como produtores e consumidores de tão alta fração da população. E essa marginalização é, em parte, causada pela forma passiva através da qual o processo produtivo tem absorvido tecnologia, sobretudo pelo financiamento internacional intensivo de bens de capital importados (que trazem tecnologia integrada em seus desenhos e implícita nas linhas de montagem em que se integram) e pela compra internacional de patentes e *know-how* alienígenas.

Outra explicação para a marginalização de tão importante fração do nosso povo reside na histórica inadaptação das legislações trabalhista e fiscal ao momento econômico e tecnológico de cada setor e na incapacidade nacional de adaptar as tecnologias importadas ao processo econômico brasileiro visto como um todo, de forma a obter plena utilização dos recursos nacionais em mão-de-obra, terra e matérias-primas, e ao nível sócio-econômico cultural do mercado consumidor.

Se a aplicação da tecnologia importada, sem adaptação às condições locais, foi a principal causadora dos desequilíbrios apontados, então ela é também um dos principais elementos responsáveis pela limitação do desenvolvimento nacional a longos prazos (em que pesem pequenos ciclos de aceleração do desenvolvimento), pelas dificuldades de formação do mercado interno de massa (apesar da disponibilidade de população, espaço e matérias-primas), pelos desequilíbrios de demanda recíproca intersetorial e, ao menos em parte, pelo resíduo estrutural da inflação brasileira.

Outra característica a destacar no atual "complexo tecnológico" brasileiro consiste no fato de que só atingiu fração mínima da população do país, localizada sobretudo no setor industrial, que só ocupa cerca de 13% da população ativa. Forte "culpa" dessa baixa disseminação dos benefícios da civilização tecnológica em toda a população brasileira reside na própria natureza da tecnologia importada, que chega ao Brasil com características de alta densidade de capital e baixa utilização de mão-de-obra. Nos países onde é gerada essa tecnologia, o próprio processo de "geração" corrige a tendência da mesma de economizar, no setor industrial, o trabalho (que, incidentalmente, é nesses países o fator de produção mais caro e menos abundante). Nos países adiantados, geradores das modernas tecnologias, fração crescente da população é altissimamente remunerada nos processos de ensinar a pesquisar, inventar e inovar. Além disso, formou-se nesses países um setor industrial de alta sofisticação, que utiliza grande densidade de trabalho, com a produção de máquinas eletrônicas armazenadoras, processadoras e analisadoras de informação, setor esse em plena evolução e relativamente fora do alcance de países relativamente subdesenvolvidos.

Entretanto, a produtividade obtida através da aplicação desse "complexo tecnológico" importado é, evidentemente, a produtividade física da máquina e, na melhor das hipóteses, a produtividade microeconômica da firma ou do subsetor industrial.[1] Nos países onde essa tecnologia foi desenvolvida, o problema do emprego de todos os fatores está basicamente resolvido, tendo maior significação apenas nos períodos cíclicos de depressão. Assim sendo, a produtividade microeconômica tenderá a identificar-se com a macroeconômica. Ao aumentar-se a produtividade da firma, aumenta-se automaticamente a da Nação.

No Brasil, quando se importam, em regime de desemprego e de subemprego da terra e da mão-de-obra, tecnologias desenvolvidas em países que vivem já há gerações em regime de escassez de terras e onde a mão-de-obra já é, amplamente, o fator caro e escasso, o resultado tende a ser:

1º forte dispêndio do fator mais escasso que é o capital, com a aquisição de máquinas automáticas ou automadas;

2º deslocamento de uma fração da população ativa para o ócio do desemprego;

3º inquietação social em função desse baixo nível de emprego;

4º tendência para altos custos unitários da produção, que não dilui adequadamente os custos fixos;

5º redução do mercado interno para os produtos industriais, pelos altos custos de produto e pela redução dos assalariados no processo produtivo;

6º redução da taxa de crescimento econômico.

Em resumo, aumento do custo da produção em termos de capital, redução da produção em virtude do mercado consumidor e, portanto, aumento da produtividade microeconômica potencial da unidade industrial, porém redução da produtividade macroeconômica do país que investiu mais para produzir menos,

---

(1) Como ocorre no subsetor de geração de energia elétrica ou no subsetor siderúrgico, em que o gigantismo das escalas mínimas de produção assimila a produtividade microeconômica à produtividade macroeconômica.

criando condições para o aumento de conseqüente inquietação social e redução de segurança nacional. Poder-se-ia acrescentar o aumento do "custo de oportunidade", pois uma fração da força produtiva passou a não ser utilizada, baixando a produção potencial do país.

Só há uma correção possível para esse conjunto de problemas, que consiste na alteração do "complexo tecnológico" brasileiro, adaptando-o às condições macroeconômicas do país. É necessário entender que a tecnologia em si não passa de um meio para um fim, e que esse fim é a aceleração do desenvolvimento, tanto micro quanto macroeconômico. Quando há conflitos nos interesses dessas duas formas de desenvolvimento, cabe corrigir tanto as causas que residem no todo sócio-econômico quanto aquelas que residem no "complexo tecnológico" adotado. Parece desnecessário enfatizar que o ideal será sempre o desenvolvimento tecnológico próprio, a partir das condições imperantes em cada estágio de desenvolvimento econômico. O problema, entretanto, torna-se complexo em virtude do tempo necessário para a criação das condições de pesquisa e das atitudes inventoras e inovadoras, bem como pelo fato de que o Brasil apresentará, simultaneamente, numerosos "estágios" de desenvolvimento, que irão desde altos níveis de sofisticação em certos setores da industria química e siderúrgica, até, virtualmente, à tecnologia do fogo, na agricultura do setor primário. Assim sendo, várias combinações de circunstâncias podem ocorrer, não se devendo talvez falar em *uma política tecnológica* e sim em "complexo de políticas" que atendem mais plenamente às diversidades de nossas circunstâncias.

Inconvenientes e vantagens da importação tecnológica

Como visto anteriormente, a tecnologia de cada país representa, em cada momento, não apenas a melhor equação de produção derivável do conhecimento científico disponível nesse país, mas, simultaneamente, a melhor equação de produção obtenível à luz dos custos dos fatores de produção e das características da demanda nesse mesmo país. Por exemplo, se a demanda for muito inelástica e se a posição do produtor for de monopólio, ele maximizará o preço de venda e o valor das vendas com uma produção relativamente pequena. Se a demanda for elástica, a maximização do valor será feita com grandes quantidades produzidas e pequenos preços unitários. Se um processo produtivo atingir alta produtividade com imensa quantidade, e se a posição do produtor for monopolística e a demanda inelástica, essa alta produtividade física será contrariada pela equação econômica, convindo uma tecnologia mais bem adaptada às condições do mercado; e assim por diante.

Como indicado, a importação de tecnologia estrangeira não é a mesma coisa que a importação de ciência. Esta é independente do mercado, enquanto aquela incorpora um componente científico e um componente característico das condições quantitativas e sócio-econômicas de determinado mercado. Quando se trata de importação de tecnologia de país desenvolvido para país subdesenvolvido, só muito raramente a mesma corresponde às condições do mercado. Importam-se, assim, elementos de distorção do processo econômico, que acabam coibindo o processo de desenvolvimento nacional. As dimensões dos mercados são diferentes, em geral muito maiores em países desenvolvidos, e os preços dos fatores tendem a ser completamente diferentes. No país desenvolvido o trabalho tende a ser o mais caro dos fatores, seguido pela terra e pelo capital, que é o mais barato. No país subdesenvolvido, dependendo da densidade demográfica, o fator mais barato tende a ser o trabalho, seguido pela terra e pelo capital, que é o mais caro. Assim sendo, a importação pura e simples de tecnologias estrangeiras leva à economia do fator trabalho (isto é, ao desemprego), com grandes perturbações sócio-econômicas, ao desperdício do fator terra e ao uso intensivo do fator capital, mais escasso no país subdesenvolvido. Por ser o mercado subdesenvolvido relativamente pequeno, as escalas da tecnologia importada sem adaptações dificilmente correspondem à melhor produtividade micro e macroeconômica em países subdesenvolvidos. A importação de tecnologia pode ser explícita ou implícita, sendo que neste caso ela se faz através da entrada de equipamentos.

No Brasil, a maior parte dos empréstimos externos foi sempre vinculada à aquisição de equipamento industrial no exterior, o que é perfeitamente válido durante a primeira fase do desenvolvimento nacional, como fórmula para colocar o trabalhador nacional em contato com uma tecnologia mais avançada. Entretanto, a partir de certo estágio do desenvolvimento, essa política tem de ir cedendo lugar, seletivamente, a uma política de implantação da indústria nacional de bens de equipamento com tecnologia própria, adaptada a circunstâncias nacionais. Isso entretanto não aconteceu, ou não aconteceu na escala desejável. Ao contrário, durante cerca de duas décadas, utilizando-se uma "mais-valia" agrícola, obtida pela manipulação das taxas cambiais utilizadas nas exportações de bens primários e na importação de bens industriais de equipamento, subsidiou-se fortemente a aquisição destes últimos. Desenvolveu-se, assim, no país, um processo industrial bastante vigoroso, na base da substituição, por produção local, da importação de bens de consumo e, pelo subsídio aos bens de equipamento, sufocou-se uma incipiente indústria de equipamento de base.

A esses dois aspectos negativos da acumulação do estoque de equipamento produtivo no Brasil associou-se um terceiro, ligado ao sistema mundial de proteção à propriedade industrial. Com efeito, em países que adotam, *grosso modo*, o mesmo sistema de organização sócio-econômica, a sucessão de problemas tecnológicos ao longo do processo de desenvolvimento é aproximadamente a mesma, apenas temperada por características nacionais e disponibilidade relativa de fatores e recursos. Assim sendo, é difícil a cada país, hoje retardatário em desenvolvimento econômico, fugir inteiramente às soluções que, de forma ampla, foram válidas para os países já industrializados. Por muito tempo faltou-nos capacidade para compreender o sistema mundial de patentes como um repertório de "sugestões tecnológicas" a partir das quais poderíamos obter soluções nacionais específicas, adaptadas às nossas características e peculiaridades e, assim, suficientemente diferenciadas das soluções já patenteadas internacionalmente, o que só agora está sendo obtido graças à vigorosa atuação do Instituto Nacional da Propriedade Industrial, recentemente reformulado para atender a essa finalidade.

Em maior ou menor grau, com tentativas setoriais de correção, foi essa a política seguida na industrialização brasileira. Obteve-se, assim, um possante parque produtor de bens finais de consumo, duráveis ou não-duráveis, quase inteiramente alicerçado em tecnologia exógena e baseado em equipamentos importados ou, na melhor das hipóteses, quase totalmente desenhados no exterior. O impacto desse processo industrial na formação de tecnologia nacional teve um aspecto fortemente negativo, pois essa tecnologia passou a ser fundamentalmente passiva. Via de regra, consiste na maior ou menor habilidade com que é manejado o conjunto de passos lógicos e processamentos científico-industriais importados do exterior. Em outras palavras, a tecnologia nacional, com pequenas e honrosas exceções, é o resultado de aquisição passiva, muitas vezes sem qualquer esforço para ajustá-las às condições macroeconômicas do ambiente em que tem de funcionar. Trata-se, portanto, daquela situação que garante o subdesenvolvimento e a subordinação econômica, a longo prazo, do país, às atuais potências industriais.

Um certo número de empresas estrangeiras, prevendo esforços legítimos do Brasil no sentido de produzir fração crescente dos equipamentos de que necessita, estabeleceram no país unidades produtoras para os mesmos. Entretanto, nessas unidades, o controle dos processos de mais alta densidade tecnológica é sistematicamente reservado a nacionais dos países de origem e, o que é ainda mais grave, a maioria dessas unidades não efetua pesquisa no Brasil, levando em conta as características do país e as peculiaridades do seu estágio de desenvolvimento. Importam, muitas vezes a peso de ouro, suas próprias patentes e desenhos industriais e os utilizam no Brasil como se fossem a "melhor solução industrial" possível. Acontece que os resultados demonstram não ser esse o caso, tendo, como conseqüência, um setor manufatureiro incapaz de empregar fração adequada da população ativa, criando forte desequilíbrio setorial, aumentando demasiadamente o preço de um emprego industrial, reduzindo macroeconomicamente a produtividade do capital, e dando, assim, origem a impulsos inflacionários que até hoje não puderam ser controlados a partir de medidas de caráter geral.

Sumário conclusivo: algumas sugestões operativas

O conjunto de dados pode ser assim resumido:

1º Existem, em linhas gerais, três maneiras de adquirir tecnologia, no Brasil:

a) a importação de tecnologias "já prontas", obtidas em países desenvolvidos;

b) a adaptação de tecnologias importadas às disponibilidades de fatores, matérias-primas e equipamentos e ao nível tecnológico do país;

c) a criação, através de pesquisa específica, de inovações tecnológicas adaptadas às reais condições em que funciona a economia do país.

2º A aplicação de determinada tecnologia deve depender, também, do destino principal dos produtos que se quer criar. Esses produtos podem destinar-se a:

a) mercado internacional;

b) mercado interno (nacional);

c) ambos os mercados, nacional e internacional.

3º É também necessário distinguir o impacto de cada processo tecnológico na qualidade final do produto. Nesse sentido, deve-se considerar especialmente os seguintes fatos:

a) um determinado processo tecnológico pode estar intimamente ligado à mais alta qualidade física do produto final;

b) um processo tecnológico pode ser necessário para uma combinação adequada de qualidade e preço que torne o produto altamente competitivo;

c) pode haver processos tecnológicos alternativos para a obtenção da mesma combinação de qualidade e preço;

d) certos processos tecnológicos comportam diferentes combinações de fatores de produção.

4º Uma distinção de natureza similar à da letra "d" do item 3º pode ser feita com relação à divisibilidade dos processos ligados a determinada tecnologia. Em outras palavras, certos processos, desejáveis pelos resultados a que levam em termos de alta qualidade e baixos custos, podem ser indivisíveis, sendo industrialmente possíveis apenas para uma produção cujo mínimo excede amplamente todas as expectativas em relação aos mercados disponíveis (internos, externos ou ambos). Nesse sentido, as tecnologias devem ser divididas em:

a) aplicáveis a unidades relativamente pequenas;

b) só aplicáveis em grandes escalas, para mercados de massa.

A simples análise combinatória do número de "distinções" relevantes feitas acima mostra que podem ser consideradas 72 combinações das mesmas. Tratar-se-á, adiante, apenas das mais importantes, sendo fácil deduzir as demais.

Parece desnecessário enfatizar que o ideal será sempre o desenvolvimento tecnológico próprio, a partir das condições imperantes em cada estágio de desenvolvimento econômico. O problema, entretanto, torna-se complexo em virtude do tempo necessário para a criação das condições de pesquisa e das atitudes inventoras e inovadoras, bem como pelo fato de que o Brasil por mais duas ou três gerações apresentará, simultaneamente, numerosos "estágios" de desenvolvimento, que irão desde altos níveis de sofisticação em certos setores da indústria química e siderúrgica, até, virtualmente, a tecnologia do fogo, na agricultura do setor primário. Assim sendo, pode-se indicar os seguintes casos gerais ou combinações de circunstâncias:

1º CASO:

1. O produto se destina eminentemente ao mercado internacional, precisando ser competitivo em qualidade e preço;

2. A mais desejável combinação de qualidade e preço do produto final está intimamente ligada a determinado processo tecnológico.

No caso acima, a não ser que tenha havido um excepcional desenvolvimento prévio da tecnologia nacional de forma que a mesma apresente a melhor solução ao problema de produção competitiva, ter-se-á de buscar, inexoravelmente, a tecnologia estrangeira do mais alto gabarito disponível. Qualquer outra solução representará o desperdício total do investimento ou a necessidade de subsídios, que roubam substância dos demais setores da economia. Porém, mesmo neste caso, dever-se-á examinar se há, ou não, um grau qualquer de divisibilidade do processo produtivo como um todo e, em caso afirmativo, se alguns dos subprocessos são adaptáveis, sem perda da qualidade final do produto, a diferentes combinações de fatores produtivos que estejam mais de acordo com nossas disponibilidades dos mesmos.

2º CASO:

1. O produto se destina a ambos os mercados, o interno e o internacional;

2. A mais desejável combinação de qualidade e preço do produto final está intimamente ligada a determinado processo tecnológico.

Neste caso, é importante aferir qual dos dois mercados prevalece em importância. Via de regra, em casos como esses, é o mercado interno o mais importante, sendo o mercado externo apenas residual. Neste caso, a própria produtividade microeconômica do processo adotado tende a depender de forte diluição de custos fixos pela ampla absorção do produto pelo mercado interno, vendendo-se para fora apenas fração relativamente pequena do produto. Em situações como essa, tenderá a prevalecer a necessidade de esforços máximos no sentido de adaptar fases da tecnologia importada às abundâncias relativas de fatores e insumos nacionais. Mesmo que essas adaptações reduzam algo da qualidade final do produto, se a exportação for realmente marginal, poderá ser feita ligeiramente abaixo dos custos unitários totais, ainda com lucro para o produtor [2].

3º CASO:

1. O produto se destina ao mercado interno;
2. A mais desejável combinação de qualidade e preço do produto final está intimamente ligada a determinado processo tecnológico.

Neste caso, compete indagar qual a relevância do produto para o sistema sócio-econômico. Na hipótese de ser produto da maior relevância para o bem-estar social, ou para o próprio processo econômico [3], dever-se-á optar pela tecnologia importada, sem alterações. Sendo, entretanto, produto de pouca relevância sócio-econômica ou até mesmo suntuário, a opção terá de ser pela adulteração do processo tecnológico, desdobrando-se em tantas fases quantas possam ser introduzidas com adaptações às circunstâncias do mercado produtivo.

4º CASO:

1. O produto final se destina a quaisquer dos dois mercados;
2. Já existem processos tecnológicos alternativos para a obtenção da mesma combinação de qualidade e preço.

Neste caso, dever-se-á procurar obter aquelas tecnologias que: a) permitam melhor adequação às di-

(2) A exportação de produção marginal aumenta o lucro do produtor mesmo que abaixo dos custos totais, desde que cubra os custos variáveis do processo produtivo.

(3) Exemplo do primeiro caso será o de produtos farmacêuticos essenciais à saúde do povo e do segundo caso, componentes estratégicos de montagens ou processos econômicos como rolamentos de alta qualidade ou matérias-primas de alto grau de pureza.

mensões do mercado previsto, nacional, internacional ou ambos; b) estejam mais próximas da utilização ideal dos fatores da produção disponíveis.

Em se tratando de mercado interno, e desde que o produto não seja adulterado, dever-se-á impor o máximo de adaptação da técnica selecionada às condições do mercado produtivo.

5º CASO:

1. O processo tecnológico se presta a amplas combinações de fatores de produção.

Neste caso, dever-se-ia tentar obter a adoção daquela tecnologia que melhor correspondesse à dotação de fatores no local da instalação da unidade produtora. Via de regra, quando existem tecnologias alternativas que levam ao mesmo resultado, aquelas desenvolvidas em países menores tendem a ser aplicáveis a menores escalas de produção, e aquelas produzidas em países com diferenças sensíveis na abundância relativa de fatores tendem a expressar essas relações. Em igualdade de condições econômicas e técnicas, a tecnologia japonesa ou européia tende a utilizar mais mão-de-obra do que a americana ou canadense, e a tecnologia européia tende a escalas menores do que a americana.

Esse conjunto de preceitos diz respeito ao setor industrial como ele é conhecido hoje no Brasil. Entretanto, esse setor pouco ou nada oferece à maioria dos brasileiros. Trata-se de uma indústria relativamente pouco eficiente (sobretudo por falta de produtividade macroeconômica), porém produzindo em nível relativamente alto de sofisticação, o que coloca os seus produtos fora do alcance da massa da população. Existe, assim, imenso campo para a criação de novas indústrias (e expansão das antigas por novos tipos de produção), que venham a atender plenamente às necessidades da grande massa da população brasileira. Essas indústrias deverão aparecer, fundamentalmente, com tecnologia nativa, desenvolvendo-se sobre a pesquisa preliminar das verdadeiras necessidades, quer de bens de produção, quer de bens de consumo, da massa do povo. Esses produtos, dependendo da combinação de faixas, regional, social, rural ou urbana, terão características diferentes. Tanto quanto possível, terão de ser produzidos nas próprias áreas em que o seu consumo for o mais relevante e, também, com o máximo de utilização dos fatores disponíveis localmente. É essa a única maneira de despertar, na população como um todo, o instinto e o hábito inovadores.

A simples abertura de novas terras no norte do país demonstra e estimula, naqueles que as ocupam e trabalham, espírito pioneiro. O objetivo é canalizar, em segunda fase, o espírito pioneiro para a invenção e a inovação tecnológicas; tanto quanto possível, dever-se-á estimular a utilização de toda a "mais-valia" obtida em áreas novas para a formação gradual de uma capitalização inovadora. É absolutamente essencial evitar o aparecimento de relações do tipo "centro *versus* periferia", em que o Centro-Sul absorveria toda a "mais-valia" criada nas novas áreas, através de vendas nas mesmas de produtos industriais mais ou menos inadaptados às circunstâncias locais, como vem acontecendo na área da Sudene. As novas áreas terão de industrializar-se em passos graduais, desenvolvendo soluções locais a problemas característicos ou adaptando soluções disponíveis às verdadeiras condições de economia local. Desta forma serão atendidos os requisitos de uma política tecnológica verdadeiramente condizente com os objetivos nacionais de criação de um Brasil melhor para os nossos descendentes.

2ª Parte

ESTRUTURAÇÃO DO ÓRGÃO RESPONSÁVEL PELA POLÍTICA CIENTÍFICA E TECNOLÓGICA

AS ESTRUTURAS GOVERNAMENTAIS DE PLANIFICAÇÃO

I. *O surgimento das políticas científicas nacionais*

Vários imperativos levaram os governos dos Estados modernos a identificar, no conjunto de suas políticas nacionais, aquela relativa às atividades científicas e tecnológicas. Entre os motivos principais desta evolução, podem ser citados, por ordem cronológica ou "genética":

1. O aumento considerável, na maioria das vezes exponencial, dos recursos nacionais (humanos e financeiros) consagrados à pesquisa e ao desenvolvimen-

to experimental (R & D), tendo como corolário a crescente preocupação dos governos quanto à sua utilização eficaz.

2. Já existem cerca de dois milhões de cientistas e engenheiros no mundo empregados em R & D, e o número poderá dobrar durante o segundo decênio do desenvolvimento. Os pesquisadores em Ciência e Tecnologia já constituem, nas regiões mais adiantadas, uma categoria bem determinada de trabalhadores, cuja ocupação principal, e freqüentemente exclusiva, é na verdade a R & D. Vários países já igualam esta profissão à magistratura, às forças armadas, ao ensino ou à prática médica.

3. A Ciência e a Tecnologia tomaram recentemente lugar preponderante no desenvolvimento nacional, não somente como ponta de lança das mudanças revolucionárias na produção de bens e serviços, mas também como método de ataque de uma quantidade enorme de problemas que se apresentam aos governos nos mais diversos campos: político, social, econômico, militar etc.

Este potencial de inovação tecnológica contido na R & D obriga os governos atuais a se dedicarem contínua e sistematicamente a aprofundados estudos futurológicos, a fim de não serem tomados de surpresa e de não verem seus países ultrapassados irremediavelmente por outros, na corrida pelo progresso e pela sobrevivência competitiva, seja ela econômica ou militar.

4. Mas a inovação tecnológica, uma vez propagada maciçamente nas sociedades, acarreta fatalmente efeitos secundários que tendem a conter a propagação. Trata-se de um princípio científico já conhecido dos químicos há muito tempo: é a lei dos equilíbrios de Chatelier. Este efeito de retardamento pode se originar tanto da elevação dos preços conseqüente ao esgotamento das matérias-primas, como do acúmulo dos resíduos de fabricação ou de consumo. Os dois fatores encontram-se evidentemente ligados à evolução demográfica. Encontra-se aqui a crescente preocupação dos governos no que tange ao acesso aos recursos naturais

não renováveis * e aos produtos de substituição (*ersatz*). Estes problemas influenciam diretamente a política nacional e também a política externa e a estratégia militar de todos os países.

O efeito de retardamento mencionado acima pode resultar igualmente do acúmulo dos subprodutos e dos resíduos de consumo, em virtude da impossibilidade de os meios naturais "assimilá-los" em tempo útil. É o grito de alerta à poluição, cujos primeiros ecos se fazem ouvir, em todos os países desenvolvidos, sob os rótulos de ambiente, ecologia e qualidade de vida.

5. Finalmente, ao nível da ética universal, assinalemos que não incumbe mais somente à Tecnologia e, em certos casos, à Ciência, prever **, lançar e difundir novas técnicas que permitam ao homem intensificar sua vida e aumentar as possibilidades de ação; é também sua a tarefa de prever ***, prevenir e, se necessário, remediar os inconvenientes que a aplicação das ciências e das técnicas ao desenvolvimento acarreta. É aqui que o *homo sapiens* deve alcançar e suplantar o *homo faber,* pois qualquer atraso incontrolado que se amplifique neste domínio contém em si próprio a ameaça de uma destruição radical da espécie humana.

O exposto deixa bem claro o caminho ascendente seguido pela "política científica" das nações: utilização e controle eficaz dos recursos nacionais consagrados à R & D; criação de uma profissão e reconhecimento de uma nova função na sociedade, a de pesquisa científica; escolha das pesquisas a efetuar, em função de critérios cognitivos (científicos e culturais), bem como de critérios sociais, econômicos, políticos e outros; problema da sobrevivência competitiva que esperamos se torne logo cooperativa — das nações; coação do "mundo acabado" que assaltou a humanidade e cujas amarras não afrouxarão jamais.

(*) Como, por exemplo, no relatório PALEY: "Resources for freedom", Comissão presidencial para a política de materiais, U.S. Printing Office, Washington, 1952, um dos primeiros do gênero, logo seguido por uma grande quantidade de outros relatórios, secretos ou não, elaborados por todos os países desenvolvidos nos dois últimos decênios.
(**) É o que se chama "previsão tecnológica" (*technological forecasting*).
(***) Certos autores empregam aqui a expressão *technology assessment,* que corresponde à previsão do impacto da Ciência e da Tecnologia sobre a sociedade.

Todos estes problemas estão intimamente relacionados entre si e possuem a característica comum de polarizar o conjunto das atividades governamentais, além de se orientarem no sentido do "longo prazo", que constatamos estar perdendo seu significado remoto e imaterial, ao nível do ambiente humano, em um mundo condenado a viver "policiado" e de forma cíclica. Agir "cientificamente", isto é, de forma a prever o destino dos povos: tal é o objetivo último das políticas científicas nacionais, e a razão de ser das instituições que as corporificam.

O presente estudo não se destina ao estudo do conteúdo objetivo ou da substância das políticas científicas, mas se limita a elucidar a institucionalização dos mecanismos formais que permitem que os governos se ocupem, de forma sistemática, racional e contínua, das questões científicas e tecnológicas em nível nacional.

II. *O Sistema nacional de R & D*

1. MODELO CIBERNÉTICO

Para as finalidades deste trabalho, o sistema nacional de R & D é definido como o conjunto de recursos e de atividades científicas e tecnológicas organizadas visando a descoberta, invenção, transferência e promoção da aplicação de novos conhecimentos, com o objetivo de atingir as metas nacionais fixadas pelas autoridades políticas representativas da vontade dos povos. O sistema nacional de R & D não constitui por si só o objeto da política científica nacional, embora constitua sem dúvida sua parte mais importante. Na verdade, a política científica, em seu sentido mais amplo, tal como a concebem hoje os países na vanguarda do progresso, abrange igualmente problemas como a formação de pesquisadores, a inovação tecnológica, a cooperação científica internacional, o controle científico do ambiente humano, etc.

Uma representação esquemática desta concepção se encontra na Figura 1, onde se colocam em evidência, a título de exemplo, as relações dos diversos setores da atividade humana com a política científica.

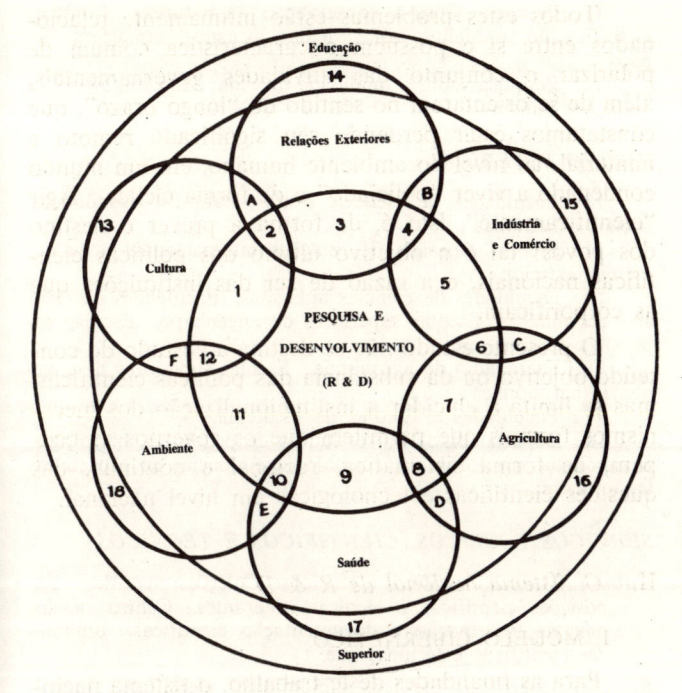

Fig. 1. Principais interconexões da política científica com outros aspectos da vida nacional.

PESQUISA E DESENVOLVIMENTO EXPERIMENTAL (R & D).

1. Pesquisa fundamental livre em ciências exatas, naturais, econômicas, sociais, humanas e tecnológicas. Ciências da ciência.
2. Pesquisa cooperativa internacional em ciências fundamentais.
3. Pesquisa sobre as relações internacionais, a transferência da ciência e da tecnologia, o desenvolvimento, o comércio, a paz e a segurança internacional. Pesquisas militares.
4. Pesquisa cooperativa internacional em tecnologia industrial, transportes e telecomunicação.
3. Pesquisa sobre as relações internacionais, a transferên-
6. Pesquisa agro-industrial e agro-comercial.
7. Pesquisa agrícola (incluindo a pesca e a silvicultura).
8. Pesquisa sobre nutrição e saúde animal.
9. Pesquisa médica.
10. Pesquisa sobre higiene e saúde pública.

151

11. Pesquisa sobre a conservação da natureza. Controle científico do ambiente: solos, águas, oceanos, atmosfera, espaço.

12. Pesquisa sobre a qualidade da vida: Homem/biosfera//relações humanas.

ENSINO SUPERIOR

13. Faculdades de ciências exatas, naturais, econômicas, sociais e humanas.
14. Escolas especiais de relações internacionais e de comércio exterior.
15. Faculdades de ciências aplicadas. Faculdades de ciências econômicas. Escolas superiores de engenharia. Escolas superiores de comércio.
16. Faculdades de agronomia. Escolas superiores de engenharia agronômica.
17. Faculdades e Escolas de medicina.
18. Departamentos universitários de pedologia, hidrologia, oceanologia, meteorologia, cosmologia e ciências do espaço extra-terrestre.

SERVIÇOS PÚBLICOS, CIENTÍFICOS E TÉCNICOS

Cultura: Museus científicos e técnicos. Coleções científicas. Exposições científicas e técnicas itinerantes. Centros nacionais de informação e documentação científicas. Bibliotecas científicas e técnicas, etc.

Relações exteriores: Serviços diplomáticos científicos e técnicos. Serviços de cooperação científica e técnica, etc.

Indústria e comércio: Escritórios de estudos e de *engineering*. Organismos de valorização dos resultados da pesquisa e da inovação tecnológica. Escritórios de patentes, etc.

Agricultura: Serviços de extensão agrícola. Serviços de águas e florestas. Serviços de natureza rural. Serviços de medicina veterinária, etc.

Saúde: Serviços geodésicos e geofísicos. Serviços de topografia e de cartografia. Serviços geológicos e de mineração. Serviços hidrológicos. Serviços meteorológicos. Serviços oceanográficos. Serviços pedológicos. Serviços sismológicos e vulcanológicos. Serviços de energia, etc.

No entrecruzamento dos diferentes setores da vida nacional se situam também serviços públicos científicos e técnicos, conforme revela a Figura 1; por exemplo:

A. Serviços das relações culturais internacionais. Adidos científicos das embaixadas; transferência de informação científica, etc.

B. Serviços de relações industriais e comerciais. Centros nacionais de transferência tecnológica. Serviços de intercâmbio de patentes e licenças, etc.

C. Serviços de transformação, conservação, transporte e comercialização de produtos agrícolas.
D. Serviços de alimentação e nutrição humanas.
E. Serviços de higiene e saúde pública.
F. Serviços de manutenção territorial. Serviços de arquitetura urbana. Serviços de preservação de monumentos e sítios naturais, etc.

* * *

Nota: Existem ainda outras "articulações" não evidenciadas no gráfico da Figura 1, como p. ex., os serviços de controle dos produtos farmacêuticos e alimentares (Saúde-Indústria), os serviços de controle da poluição industrial (Indústria-Ambiente-Saúde), etc, cuja utilidade ou necessidade dependerão das circunstâncias peculiares a cada país.

No interesse deste trabalho, o estudo será limitado exclusivamente ao sistema nacional de R & D (incluindo serviços científicos e técnicos conexos), deixando-se no entanto de lado aspectos muito importantes das políticas científicas nacionais, que se encontram nos pontos de interação com outras atividades humanas, como a educação, a produção, o lazer, o meio ambiente, etc.

Também no sentido de facilitar o trabalho de análise, o sistema nacional de R & D será tratado como um *sistema cibernético,* na forma indicada no diagrama da Figura 2. Na verdade, uma das principais características de um tal sistema é a sua permanente sujeição a alguma coisa, apesar de sua autonomia. O homem de governo insiste, muito justamente, sobre a *finalidade* do sistema, no caso, os objetivos nacionais, enquanto que o pesquisador protege, com razão, sua liberdade de ação, ao insistir sobre a *autonomia* do sistema, que, como se sabe, lhe garante a eficiência. A conjugação finalidade-autonomia age por meio de sinais, representados, no diagrama, por setas. É desta maneira que o sistema nacional de R & D compactua com o seu "ambiente", ao mesmo tempo que lhe é permitido conservar sua distância do poder, de que ele depende.

Por outro lado, é sabido que toda ação cibernética resulta de uma síntese entre uma energia e uma informação (1). A Figura 2 representa assim o fluxo de energia sob a forma de *meios* financeiros, humanos, materiais, etc., ao passo que a informação é introduzida pelo órgão "comparador" entre os *objetivos* fixados e os resultados obtidos.

Finalmente, *do ponto de vista funcional,* três zonas principais podem ser indicadas neste diagrama cibernético.

A *Zona I* corresponde à planificação e à coordenação interministerial do sistema, isto é, à determinação dos grandes objetivos, bem como à mobilização e ao fornecimento dos meios. É neste nível "estratégico" que se concretiza a política científica governamental. Esta zona compreende igualmente a função de promoção setorial da política científica, ou seja, a tradução de objetivos gerais em tarefas de projetos científicos concretos.

A *Zona II* corresponde à execução propriamente dita da R & D, inclusive da administração das instituições de pesquisa, dos serviços científicos da R & D e do tratamento e da valorização da informação produzida pelo sistema. É neste nível "tático" que se julga a eficiência interna do sistema (*efficiency*).

A *Zona III* é aquela em que a informação científica e técnica é utilizada e colocada em aplicação prática. É aí que o sistema encontra sua justificação última e a medida de sua eficiência externa (*effectiveness*).

2. EFICIÊNCIA DO SISTEMA

A esta altura, é necessário definir o conceito de *eficiência* do sistema nacional de R & D, pois é natural que esta questão comece a preocupar os governos quando a parte do produto nacional bruto que lhes é dedicada ultrapassa 1% (2). Atingido este estágio de desenvolvimento, a R & D nacional não pode mais refugiar-se numa "torre de marfim", pois lhe é exigida a prestação de contas dos dinheiros públicos aplicados e dos recursos humanos altamente qualificados que ela mobiliza.

Convém, todavia, caracterizar a noção de eficiência aplicada à pesquisa científica e ao desenvolvimento

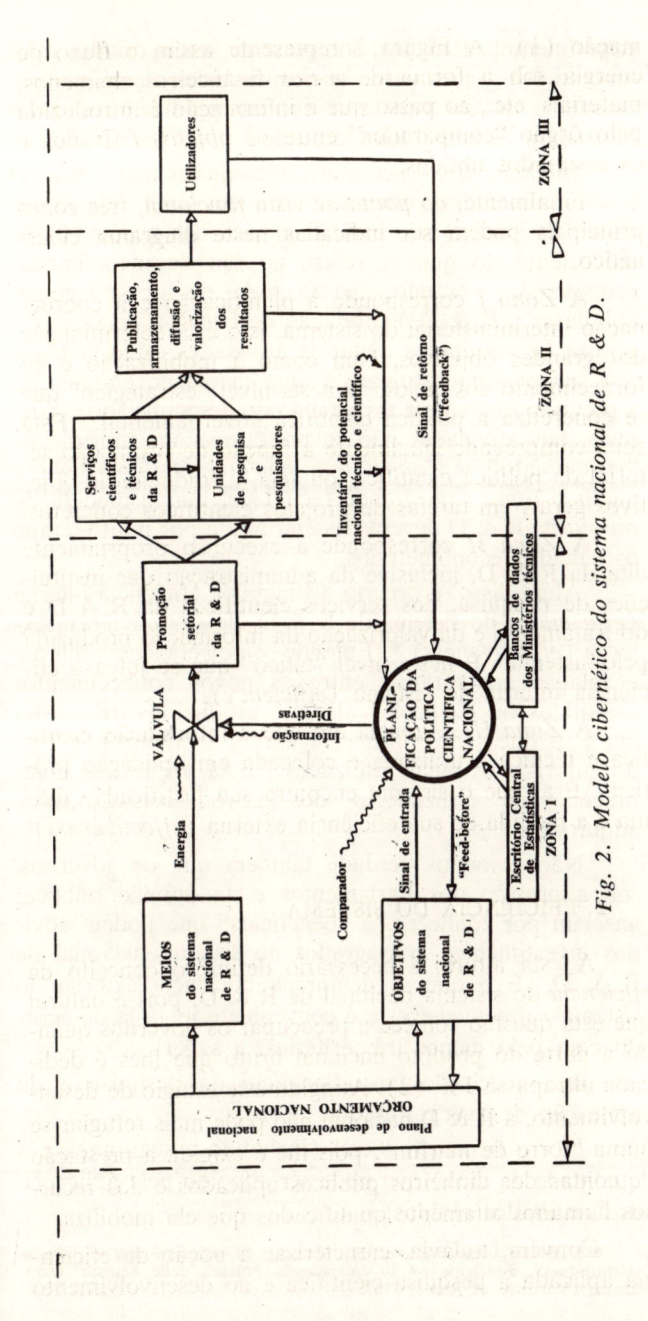

Fig. 2. Modelo cibernético do sistema nacional de R & D.

experimental (R & D), sob pena de serem criados mal-
-entendidos graves entre as comunidades científicas nacionais e os governos e a opinião pública, dos quais
dependem os seus meios de ação.

Inicialmente, é necessário reconhecer que a R & D
e suas atividades conexas constituem uma função recente, de importância capital na vida das nações, particularmente no que se refere ao seu desenvolvimento
econômico. Contudo, não se pode, de forma alguma,
comparar a R & D à produção de bens ou de serviços,
porque os resultados daquelas atividades estão sujeitos,
por sua própria natureza, a uma incerteza, em relação
à previsão, inerente à exploração do desconhecido. Ademais, tais atividades não se prestam a um controle de
"rendimento", seja qualitativo, seja quantitativo. Pode-se
medir o *input* com grande facilidade, mas a medida do
output da R & D deverá desafiar ainda por muito tempo
os cálculos econométricos.

Além disso, é preciso distinguir a eficiência interna
(*efficiency*) do sistema de R & D, da sua eficiência externa (*effectiveness*) *. Entende-se por eficiência interna
a relação comparativa entre os novos conhecimentos
científicos ou técnicos realmente produzidos pelo sistema e os que seria razoável aguardar teoricamente, tendo em vista os meios utilizados. Esta noção não compreende os utilizadores dos novos conhecimentos
adquiridos.

Não é menos verdade também que os governos,
sob a pressão dos Parlamentos e da opinião pública,
anseiam por conhecer os "benefícios" que podem advir
dos investimentos consagrados ao sistema nacional de
R & D. É o que se denomina eficiência externa do
sistema (*effectiveness*) e é conveniente julgá-la de acordo com pelo menos três critérios, a saber:

a. a relação custo-benefício da pesquisa e da
aplicação de seus resultados;

b. o benefício social (incluindo a segurança e a
qualidade da vida) que pode ser atingido pela aplicação
dos resultados obtidos;

(*) Sobre o assunto ver: I. Malecki, "L'efficacité des recherches scientifiques", Fascicule nº 30, Accademia Polacca delle Scienze. Ossolineum, Varsovie et Rome, 1967.

c. o valor científico-tecnológico dos resultados positivos que pode ser sumariamente avaliado pelo índex de citação das publicações e pelas compras de patentes.

Deve-se ressaltar aqui que os conhecimentos científicos nascidos da pesquisa fundamental não são "patenteáveis". * Mas os governos e o público se consideram suficientemente recompensados pelo prestígio científico e cultural de que desfruta toda a nação quando descobertas importantes são feitas no país, e sancionadas em nível internacional pela outorga de prêmios ou insígnias honoríficas.

Voltemos agora ao diagrama cibernético da Figura 2 e vejamos como é possível analisá-lo em termos de administração empresarial.

III. *Administração por objetivos no domínio da política científica*

Devemos inicialmente lembrar que a razão de ser do sistema nacional de R & D é a atividade intelectual criadora e suas aplicações práticas. A eficiência (interna e externa) do sistema depende, portanto, do bom funcionamento das instituições de R & D e dos serviços encarregados da difusão e da valorização dos resultados. Existe abundante literatura sobre a administração destas instituições e nosso propósito, nas linhas que se seguem, não é aumentá-la. O que nos interessa aqui é antes de tudo o estudo dos mecanismos e das instituições encarregadas, em nível nacional, da função "estratégica" do sistema de R & D, isto é, da planificação das políticas científicas nacionais e de sua promoção setorial. A questão é saber por onde começar a análise, pois não se trata de uma pirâmide hierárquica de funções, mas, sim, da reunião de um conjunto de operações entrelaçadas de maneira complexa no ciclo dos orçamentos e/ou dos planos nacionais de desenvolvimento. Como se trata de um ciclo, podemos atacar o assunto no ponto que nos pareça mais adequado à clareza da exposição.

(*) Diz-se em inglês que eles não constituem *proprietary knowledge*.

1. A DETERMINAÇÃO DOS OBJETIVOS DO SISTEMA NACIONAL DE R & D. RELAÇÕES COM O PLANO (OU OBJETIVOS GERAIS) DE DESENVOLVIMENTO DO PAÍS

Vejamos, em primeiro lugar, como se exerce a sutil influência de vaivém entre (1) a fixação dos objetivos gerais de desenvolvimento do país e (2) a determinação dos objetivos do sistema de R & D. Trata-se de uma inter-relação delicada, cujo funcionamento depende muito intimamente do sistema econômico em vigor.

a. Neste particular, os países socialistas incontestavelmente levaram mais longe a fixação centralizada dos objetivos do sistema nacional de R & D, notadamente por intermédio dos Comitês de Estados (Ministérios) da Ciência e da Técnica e das Academias de Ciências, em ligação estreita com o Organismo Central, encarregado da planificação normativa da economia nacional (inventário do necessário). Observa-se, de um modo geral, que a política científica tende então a preponderar sobre a planificação geral do desenvolvimento no que concerne aos prazos longos (*long-termes,* 10 a 15 anos), ao passo que o inverso é verdadeiro para os prazos médios (*moyen-termes*), que correspondem à duração de um Plano Nacional (4 a 6 anos), assim como em relação aos prazos curtos (*court-termes*), que coincidem habitualmente com os orçamentos anuais.

b. Nos sistemas de economia mista, como o da França (e até certo ponto o do Japão) há ainda uma articulação sólida da política científica com o Planejamento, graças a uma Comissão horizontal de Comissariado para o Planejamento, e com o orçamento nacional, em virtude do *enveloppe recherche,* que é, em última análise, um orçamento funcional da política científica estabelecida *ex-ante.* Os processos que conduzem à elaboração dos planos e dos orçamentos nacionais servem para concretizar simultânea ou consecutivamente os grandes objetivos do sistema nacional de R & D, especialmente por meio dos métodos de previsão tecnológica incitativa (inventário do desejável).

c. Outros sistemas sócio-econômicos, que se aproximam das economias de mercado propriamente ditas, como os encontrados nos Estados Unidos da América, na

República da Alemanha, e no Reino Unido, concentram seus esforços nas estatísticas da Ciência e na previsão tecnológica exploratória (inventário do possível). Neles a política científica está extremamente descentralizada, no que se refere à determinação dos objetivos do sistema nacional de R & D e os "Orçamentos Funcionais da Política Científica" são estabelecidos *ex-post*. O esforço principal se localiza, para estes países, nos meios do sistema nacional de R & D e também na informação muito detalhada e largamente difundida, não somente sobre as finanças e os pesquisadores, atuais ou futuros, como ainda sobre os projetos de pesquisas em andamento. Confia-se à comunidade científica, à indústria e aos serviços públicos a fixação de seus próprios objetivos de R & D pelo método empírico de tentativas e erros corrigidos. É pela distribuição seletiva dos meios financeiros, por via *orçamentária anual,* que se procura impor a política científica do governo aos diversos elementos do sistema nacional de R & D, e ao sistema de educação nacional, que é o fornecedor de seu principal elemento.

São numerosos os pequenos países que seguem este modelo, não porque estejam necessariamente em harmonia com o seu sistema econômico, mas porque a planificação do desenvolvimento choca-se com dificuldades encontradas por todas as economias nacionais de menor escala. Neste país, o "planejamento" não dirige tanto a economia quanto a flutuação dos mercados internacionais e a previsão de evolução destes mercados. Em conseqüência, são estas previsões que desempenham o papel dominante na fixação dos objetivos, pelo menos em relação à pesquisa tecnológica e industrial.

Assinale-se, no entanto, que os pequenos países tendem a se agrupar em associações econômicas em que a divisão do trabalho se torna possível e proveitosa e onde, lentamente, se corporifica uma planificação de desenvolvimento em escala supranacional. Esta tendência conduz progressivamente à fixação, pelos Estados--membros daquelas reuniões econômicas, de objetivos bem definidos para os sistemas nacionais de R & D dos países participantes. É o caso da Comunidade Econômica Européia e do Pacto Andino/Andrès Bello, para citar apenas dois exemplos.

Os três sistemas de elaboração das políticas científicas nacionais, descritos acima, passaram a ser denominados neste trabalho, respectivamente:

— planificação normativa (por fixação de objetivos e adaptação dos meios)

— planificação incitativa (abordagem mista por objetivos e meios)

— planificação exploratória (por distribuição dos meios e ajustamento dos objetivos).

2. A DISTRIBUIÇÃO DOS MEIOS (RECURSOS) AO SISTEMA NACIONAL DE R & D E SUA RELAÇÃO COM O ORÇAMENTO NACIONAL

a. Na planificação normativa, a distribuição dos meios é apenas conseqüência das opções do planejamento científico, que faz parte de um conjunto mais vasto e compulsório, o Plano Nacional de Desenvolvimento. Para contornar as dificuldades causadas pela rigidez dos planos, aplica-se geralmente o chamado método dos "horizontes deslizantes" ou dos "planos rolantes", que prevê ajustamentos regulares do conteúdo dos planos cuja duração seja por período limitado, com datas de início e término fixadas antecipadamente, ou por um período determinado (por exemplo, 5 anos), que é deslocado anualmente de 1 ano. O mecanismo de correção assim instalado exprime-se normalmente pela atribuição dos meios, que está refletida nos orçamentos anuais. O sistema pode dispensar completamente organismos intermediários e setoriais, cujo papel é o de coordenar, promover e financiar seletivamente a R & D, porque este mecanismo é assegurado pelas instituições centrais de planificação científica *.

b. Na planificação incitativa, o plano nacional de desenvolvimento é, com justiça, qualificado por Massé

(*) O comitê de Estado para a Ciência e a Tecnologia da URSS, por exemplo, compreendia, em 1969, 42 "Conselhos Científicos" para o estudo de determinados problemas e para a coordenação interdepartamental.

de "anti-acaso" (*anti-hasard*) (3); embora não seja um instrumento de contenção, ele fixa de certa forma as "condições limites" de um futuro desejável para a nação. É ao nível do orçamento científico anual que se produz o grau de refinamento e de precisão necessário para harmonizar os objetivos e os meios. Estes métodos se difundem atualmente sob o nome de racionalização das opções orçamentárias e derivam todos, em maior ou menor extensão, do sistema americano conhecido por **PPBS** (*Planning, programming, budgeting system*).

c. Quando a atribuição orçamentária de crédito para a pesquisa tem precedência sobre a planificação por objetivos nacionais de R & D, cabe perguntar se o governo pode verdadeiramente ostentar ou não o rótulo de uma política científica. A resposta a esta questão não é simples e, na prática, existem vários paliativos e expedientes que, isoladamente, não podem substituir uma verdadeira política científica governamental, mas cujo conjunto pode dela se aproximar bastante. De um modo geral, o sistema se baseia na total soberania dos "orçamentos" ministeriais no que concerne à atribuição dos meios do sistema nacional de R & D. Na fase da abertura do crédito ou na de empenho das despesas, estes orçamentos estão sujeitos a reduções, aprovações ou supressões diversas por parte do Ministério responsável pelo dinheiro dos Estados (segundo os casos, poderá ser o Ministério da Fazenda ou da Economia, ou Departamento do Orçamento), etc. Assinale-se, todavia, que as flutuações acentuadas dos créditos de pesquisa se revelaram muito nefastas para a R & D, que sofre muito particularmente com as descontinuidades dos seus meios de ação.

Outra característica importante do sistema puramente orçamentário é que a R & D só aparece como função secundária nas grandes linhas orçamentárias que correspondem aos Ministérios tradicionais: Agricultura, Saúde, Indústria, Educação, Transportes, Telecomunicações, Defesa, etc. Às vezes, não existem nem orçamentos "funcionais" nestes diversos setores, isto é, só se encontram linhas administrativas como a de pessoal, equipamento, subvenções, despesas de funcionamento, despesas de investimento e outras categorias contábeis em que é impossível verificar a busca de objetivos precisos, e muito menos, despesas consagradas à R & D. Esta era, aliás, a situação da maioria dos países ocidentais antes da Segunda Guerra Mundial. Mas já no período entre as duas guerras os governos perceberam a necessidade de substituir o mecenas particular, que se tornara nitidamente insuficiente para "sustentar" a pesquisa científica fundamental. Foi assim que se criaram organismos públicos * de promoção e de financiamento da pesquisa, cuja função inicial estava baseada unicamente no critério do mérito (excelência), sem preocupação alguma pelas necessidades do desenvolvimento nacional (pertinência). Além do mais, os Ministérios técnicos que dirigiam, desde longa data, laboratórios e serviços de pesquisas necessários à realização dos seus fins, associaram-se progressivamente aos organismos distribuidores de fundos, a fim de promover a pesquisa aplicada, bem como o desenvolvimento experimental no domínio de suas respectivas competências. Estes organismos distribuidores de fundos se aproximavam, na sua constituição e no seu funcionamento, daquele criado para a pesquisa fundamental: os Ministérios concernentes não intervinham na determinação de suas políticas científicas. No entanto, as políticas científicas "setoriais" não permitem uma apreciação do esforço global de pesquisa de um país, seu desenvolvimento harmonioso, suas duplicações e suas lacunas, nem a utilização que elas farão, a longo prazo, da produção do sistema nacional de educação, ao nível do pessoal mais altamente qualificado (doutores em ciência e engenheiros pesquisadores). Sob a pressão das circunstâncias e dos imperativos mencionados no item I, vários países — embora permanecendo fiéis ao princípio da "política dos meios" para a R & D — vieram a centralizar certas funções, tais como a previsão tecnológica exploratória, a avaliação da eficiência (interna e externa) do sistema nacional de R & D e também a medida do potencial científico e técnico nacional, dos quais derivam as estatísticas sobre os recursos humanos

(*) Fundações ou Fundos Nacionais de Pesquisa Científica, Conselhos Nacionais de Pesquisas, etc.

e financeiros dedicados à R & D. Sabe-se que estes últimos constituem uma poderosa forma de persuasão junto aos diversos Ministérios, quando estes tendem a negligenciar ou a afrouxar seu esforço de pesquisa. Vários governos chegaram mesmo a estabelecer, com base nestas estatísticas, um orçamento funcional da ciência *a posteriori*, conforme ficou dito mais acima.

Desta maneira, os organismos centrais de política científica destes países chegam, por decisão governamental coletiva, a obrigar os diversos Ministérios à prática de uma *planificação orçamentária* da R & D nos seus respectivos setores, a seguir certas *diretivas* quanto à natureza dos objetivos a alcançar e até mesmo a participar de ações multidisciplinares ou multissetoriais lançadas sob a égide direta daqueles organismos centrais.

Assim, certos países entraram pouco a pouco na era das políticas científicas governamentais, em estágios sucessivos e sem reformas espetaculares de estrutura. As políticas científicas governamentais deste tipo ficaram, entretanto, caracterizadas por uma acentuada descentralização da tomada de decisão quanto aos objetivos do sistema nacional de R & D.

IV. *Os processos coletivos na política científica*

Os mecanismos da política científica colocam em relação indivíduos nos processos coletivos de coordenação, de convenção e de assessoria, escolhidos de acordo com o objetivo almejado nos diversos estágios do planejamento. Estes processos são extremamente importantes, pois a maneira pela qual eles são regulamentados, por um lado, e a maneira pela qual eles na realidade funcionam, por outro, são reveladoras da natureza e da eficiência do planejamento. Mais do que qualquer outra atividade humana, a R & D, que é uma criação intelectual, exige a participação dos executantes no planejamento da política a ser executada: pesquisadores e representantes da comunidade científica nacional devem, portanto, ocupar uma posição central. Também devem participar do planejamento:

— parlamentares e ministros, na qualidade de representantes e delegados da vontade nacional;

— funcionários do Estado e administradores encarregados do planejamento e da administração da R & D;

— utilizadores dos resultados da R & D.

Aqui, o problema que atrai nossa atenção é o seguinte: como escolher o processo coletivo de participação (coordenação, convenção ou assessoria) * que mais convenha à função precisa visada pelo mecanismo de planejamento? Antes de mais nada, devemos precisar o alcance dos três conceitos em causa.

1. Por *coordenação* compreende-se a ordenação e a cooperação orgânica de pessoas, organizações ou serviços, submetidos a uma disciplina comum, seja ela coercitiva ou aceita voluntariamente. Ordens são formuladas e as modalidades de sua execução decididas de comum acordo. É o caso particularmente de um governo ou comitê ministerial ** da política científica *decidir* sobre o orçamento funcional da política científica, apresentado pelo Ministro responsável. É também o caso de um comitê interministerial de coordenação que se reúne para *decidir* sobre as modalidades de execução e normalização da administração da política científica nos respectivos Ministérios. Em outras palavras, a coordenação em matéria de política científica nacional é o processo pelo qual o governo impõe (diretamente ou por delegação) um acordo no interior do aparelho estatal.

2. É à *assessoria* que recorrem os órgãos governamentais encarregados do planejamento da política científica quando buscam a colaboração de competências científicas ou tecnológicas para a realização de seus encargos, e os pareceres assim obtidos não obrigam o Governo. Os membros dos grupos consultivos comparecem em princípio a título pessoal, sem vínculo algum com a instituição que os emprega. Na verdade, o

---

(*) Estes três processos não são mutuamente exclusivos, conforme será visto mais adiante, na sessão que trata dos "processos mistos" que, aliás, são os mais freqüentes na prática.

(**) Trata-se dos Ministros diretamente envolvidos nas atividades do sistema nacional de R & D.

que se pretende é obter uma opinião que seja a mais competente e independente possível. Isto ocorre, por exemplo, no caso de programação de pesquisas e nas outras tarefas que derivam da execução e da promoção setorial da R & D: conselhos científicos das grandes instituições de pesquisas, conselhos nacionais de pesquisas, etc. Os comitês especializados dos órgãos de planejamento científico do governo são outro exemplo.

3. Pode ainda ocorrer que o governo recorra à *convenção,* quando se busca uma coordenação ou uma cooperação orgânica que ponham em jogo forças e poderes situados fora da máquina estatal. Em caso de acordo, todos os participantes, mandatários ou delegados das instituições ou organizações a que pertencem, ficam em princípio obrigados pela decisão comum, embora não estejam submetidos a uma única disciplina, como no caso da coordenação. O processo de convenção assume uma importância toda particular nos países que não praticam a participação normativa e especialmente naqueles em que as universidades e as grandes empresas privadas desfrutam de uma autonomia quase total em relação ao governo.

4. *Processos coletivos mistos*: na prática, raramente os três processos descritos acima funcionam em seu estado puro na definição das políticas científicas nacionais. Aliás, esta é a razão por que as terminologias empregadas para designar os órgãos diretores da política científica nacional, apesar de serem muitas vezes idênticas, de um país para outro, correspondem a atribuições e poderes bastante diferentes. Com efeito, um conselho nacional de política científica num país com economia de mercado pode visar ao mesmo tempo a convenção que une os "associados" na ação, e à assessoria simultânea de personalidades representativas da comunidade científica nacional. A coordenação interministerial, neste caso, é reservada a um órgão distinto, ao passo que a tomada de decisão permanece nas mãos dos respectivos ministros, reunidos em conselho. Por outro lado, um conselho nacional de Ciência e Tecnologia de um país que pratique a planificação normativa pode reunir os ministros encarregados da tomada de decisão e da coordenação interministerial, e também

os representantes das principais instituições nacionais de R & D.

V. *As estruturas governamentais de política científica*

1. O LEVANTAMENTO DA UNESCO

Durante o Primeiro Decênio do Desenvolvimento (1960-1970) uma pesquisa mundial efetuada pela UNESCO sobre as principais organizações nacionais de política científica (4) revelou a existência de *quatro níveis* na estrutura científica e técnica das nações, dos quais somente os dois primeiros são objeto do presente trabalho:

Nível I. Decisão, planificação, coordenação interministerial e controle

(*a*) função de *decisão* é assumida:

— pelo Ministro da Pesquisa Científica, nos países em que o governo possua um Ministro de Estado encarregado da política científica por delegação do Primeiro Ministro ou da Presidência da República.

— pelo Comitê Ministerial da política científica, nos países em que a política científica é decidida em colegiado, por um comitê de Ministros do Governo, especialmente interessados na pesquisa científica.

— pelo governo, atuando em plenário (Conselho de Ministros).

(*b*) A função de *planejamento* repousa, em geral, sobre:

— um Conselho Nacional da Ciência e da Tecnologia (ou da política científica) assistido por um Secretariado Científico e Administrativo, subordinado à mais alta autoridade governamental (Primeiro Ministro, Presidência da República);

— um Ministro encarregado da política científica, por delegação da mais alta autoridade governamental, secundado por uma administração apropriada e assistido por órgãos de coordenação, de convenção e de assessoria;

— um Escritório de Negócios científicos, como parte integrante das atividades do Primeiro Ministro ou da Presidência da República, assistido por um Conselho Científico e Técnico.

Encontra-se, além disso, nos países que possuem um organismo nacional encarregado do "Planejamento do Desenvolvimento Nacional", uma sessão de "Pesquisa Científica e Técnica", incluída neste organismo e encarregada de integrar o planejamento científico no plano geral de desenvolvimento econômico e social do país.

(c) A função de *coordenação* é freqüentemente exercida por um comitê interministerial de Ciência e Tecnologia. Quando composto de Ministros e não de altos funcionários, tal comitê não se distingue do comitê Ministerial mencionado no parágrafo (a) acima; as funções de decisão e de coordenação interministerial se confundem.

(d) A função de *controle* é normalmente exercida pelo Parlamento. Para exercerem eficientemente esta função, os Parlamentos às vezes instalam um órgão para o estudo dos problemas de política científica (Comitê de Parlamentares, Comissão Parlamentar, Intergrupos parlamentares, etc.) como ocorre especialmente nos Estados Unidos da América e no Reino Unido.

Nível II. Promoção e financiamento setorial da R & D em nível nacional

Segundo a importância e a diversidade das pesquisas científicas, estas funções são exercidas por um ou vários organismos, cujo domínio de competência é determinado pelo tipo de pesquisa (pesquisa fundamental, pesquisa aplicada, desenvolvimentos técnicos) e às vêzes também pelo setor da atividade sócio-econômica em favor da qual se exerce a pesquisa, como por exemplo:

— Ciências básicas: Conselho ou Centro Nacional de Pesquisa Científica, Fundo Nacional de Pesquisa Científica, Academia de Ciência do tipo "socialista";

— Agricultura: Conselho Nacional de Pesquisas Agrícolas;

— Tecnologia: Conselho Nacional de Pesquisa Industrial;

— Medicina: Conselho Nacional de Pesquisas Médicas;

— Ciências Nucleares: Comissão de Energia Atômica, etc.

Algumas organizações deste tipo possuem seus próprios laboratórios de pesquisa, especialmente quando se trata de pesquisas fundamentais. Além disso, numerosos países possuem uma ou várias Academias de Ciências do tipo ocidental, organismos públicos ou semi-estatais, sem responsabilidades operacionais na pesquisa.

Nível III. Execução das pesquisas

Trata-se de organizações nas quais se encontram os laboratórios, serviços e unidades de pesquisas que constituem a rede operacional de pesquisa científica e técnica do país, especialmente:

(*a*) As universidades e Escola de Ensino Superior de Ciência e Tecnologia, onde se processa a pesquisa "acadêmica".

(*b*) Os institutos formadores de engenheiros de execução e técnicos, que compreendem, muitas vezes, unidades de pesquisa em tecnologia aplicada e em aperfeiçoamento técnico;

(*c*) Os institutos de pesquisa fundamental, dependentes das Academias de Ciências e dos Centros Nacionais de pesquisa científica;

(*d*) Os institutos de pesquisa aplicada e de aperfeiçoamento técnico. Na maioria dos países, institutos de pesquisas criados no setor público ou semipúblico, diretamente vinculados a um determinado Ministério, executam os trabalhos de R & D necessários ao setor da economia nacional pelo qual é responsável o Ministério em causa.

Nível IV. Serviços científicos (e tecnológicos) públicos

Embora não exerçam funções de ensino ou de pesquisa no domínio da Ciência e da Tecnologia, os diversos serviços científicos incluídos nesta rubrica são indispensáveis, tanto para assegurar o bom funcionamento do sistema nacional da R & D quanto para a aplicação da Ciência e da Tecnologia ao desenvolvimento. Compreendem particularmente:

(*a*) os serviços relativos aos recursos naturais e ao ambiente, tais como os serviços de cartografia topográfica e científica, os estudos hidrológicos e geológicos, os institutos de pedologia, os serviços meteorológicos, etc.

(*b*) os serviços de informação e documentação, como os bancos de dados, os serviços de tratamento da informação, os centros nacionais de documentação científica e tecnológica, as publicações científicas, etc.

(*c*) os museus e coleções dedicadas às Ciências Naturais: Botânica, Zoologia, Entomologia, Geologia, etc., e à Tecnologia;

(*d*) os serviços de padronização e de normalização, indispensáveis à implantação da Ciência nas sociedades:

(*e*) os serviços de difusão científica e de inovação, de que os principais setores da atividade nacional necessitam para uma aplicação eficaz da Ciência e da Tecnologia à produção de bens e de serviços.

Considerando somente os dois primeiros níveis descritos (porque é deles que trata o presente trabalho), é interessante notar que o levantamento da UNESCO permitiu estabelecer o total cumulativo dos órgãos diretores da política científica nacional na Europa e na América do Norte entre 1660 e 1967; a progressão exponencial resultante aparece na Figura 3 (curva A); vêem-se também os números de órgãos criados, anualmente, a partir de 1900 (curva B).

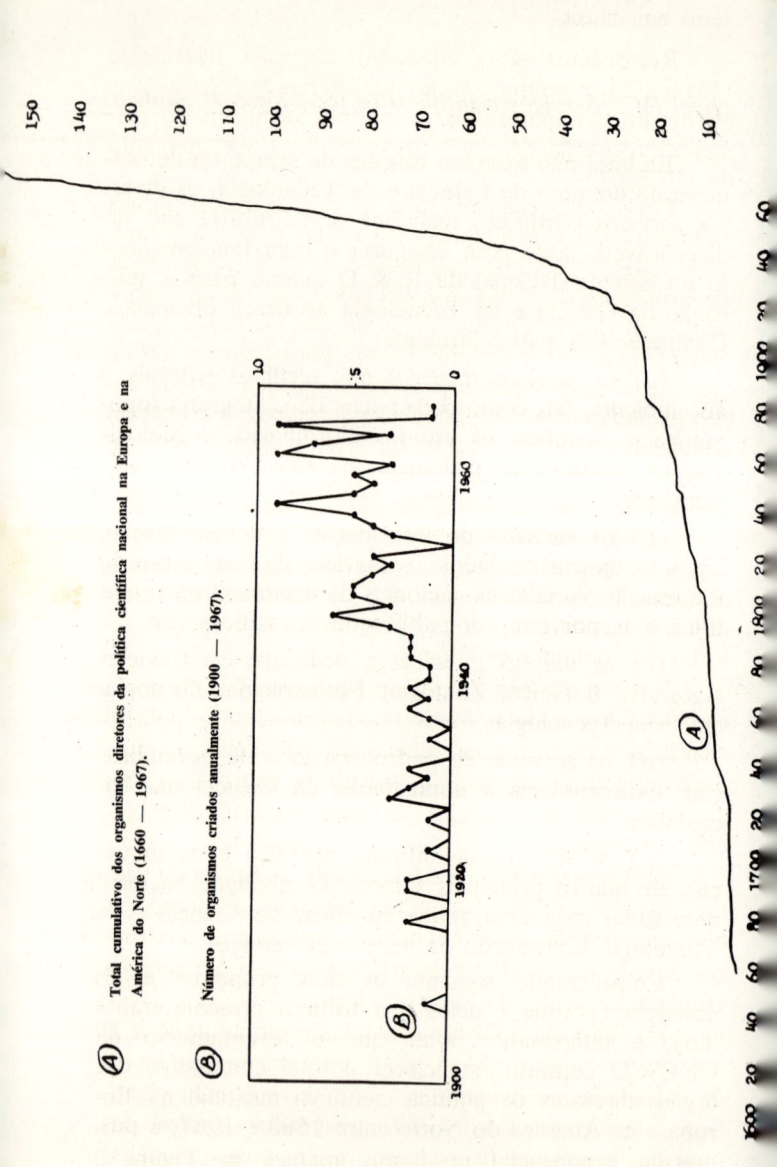

Ⓐ Total cumulativo dos organismos diretores da política científica nacional na Europa e na América do Norte (1660 — 1967).

Ⓑ Número de organismos criados anualmente (1900 — 1967).

2. ESTRUTURAS DE PLANEJAMENTO E COORDENAÇÃO INTERMINISTERIAL

Retornemos agora ao nosso diagrama cibernético (Figura 2) e vejamos como se inserem na Zona I as estruturas governamentais de política científica do primeiro e do segundo níveis descritos pelo levantamento da UNESCO.

Em si, o agenciamento e as características destas estruturas não têm importância, apesar da opinião contrária que se encontra largamente difundida nos meios governamentais e nas comunidades científicas nacionais. Seu estudo é, todavia, altamente instrutivo quando se deixa o terreno "anatômico" para penetrar no da "fisiologia" das organizações. Isto porque são os aspectos dinâmicos das políticas científicas que devem condicionar suas estruturas formais, e não o inverso. A este respeito, convém examinar:

a) as funções a realizar
b) as relações a prever
c) os processos coletivos a executar nos diversos estágios da planificação global e da coordenação interministerial, por um lado, e, por outro, a promoção setorial das políticas científicas.

Nascida da formação de pesquisadores e do apoio recebido dos mais prestigiosos dentre eles, a política científica tornou-se uma função de orientação a longo prazo de toda a nação. Por isso ela se concentrou progressivamente na definição dos objetivos e na distribuição de recursos.

a) Uma observação ligeira sobre as linhas de "comunicação" do órgão de planificação no diagrama cibernético ressalta os componentes essenciais de sua função *estratégica* (*staff function*), que pode ser resumida esquematicamente da seguinte forma:

(i) Informação sobre o sistema nacional de R & D e o universo que o rodeia. Esta informação compreende especialmente o inventário (5) do potencial científico e técnico nacional (PST) realizado ao nível das unidades e serviços de pesquisa, assim como a análise orçamentária dos créditos científicos originais dos diversos departamentos ou escritórios governamentais.

Compreende ela também a reunião e o tratamento dos dados pertinentes originários do universo sócio-econômico e cultural com o qual se relaciona o sistema nacional de R & D. Compreende, também, finalmente, o sinal de retorno (*feedback*) dos utilizadores dos resultados da pesquisa nacional (e estrangeira), bem como as diretivas do plano nacional de desenvolvimento e do orçamento do Estado.

(ii) A escolha dos objetivos do sistema nacional de R & D (6) e a otimização de seus meios. Estas escolhas se baseiam em estudos de "previsão" científica e tecnológica que alimentam:

— de um lado, o planejamento geral do desenvolvimento e as decisões orçamentárias globais (sinal de *feed-before*);

— de outro lado, a planificação da política científica e do orçamento da ciência propriamente dito, cuja orientação leva em conta, aliás, as diretivas gerais do plano e do orçamento (sinal de entrada).

(iii) A tomada de decisões ao nível dos poderes executivos e legislativos supremos do Estado, a coordenação interministerial necessária à execução das decisões, e a transmissão destas decisões:

— às autoridades encarregadas da abertura dos créditos, incluindo o empenho e o processamento das despesas. É a "válvula" do diagrama cibernético, cuja função é extremamente importante; retornaremos mais tarde a este ponto;

— aos organismos de promoção setorial e às instituições e serviços de pesquisa encarregados respectivamente da programação detalhada e da execução das decisões;

(iv) O controle da execução e avaliação dos resultados. Pode-se notar que o controle normalmente está baseado no inventário do potencial científico e técnico nacional e também nos sinais de *feedback* dos utilizadores, ao passo que o processo de avaliação exige normalmente estudos e levantamentos especiais relativamente à eficiência (interna e externa) das unidades e serviços de pesquisa. A importância destes últimos se revela primordial, logo que se impõem limitações severás sobre os recursos humanos ou financeiros à disposição do sistema nacional de R & D.

A análise funcional do mecanismo de planificação e coordenação interministerial é apenas um dos elementos necessários ao estudo das estruturas governamentais da política científica. Todos os países evoluem, entretanto, para o estabelecimento de um mecanismo cibernetizado, à medida que sua política científica se afirma e cresce em importância para o desenvolvimento nacional.

b) A diversidade das estruturas que existem na prática provêm essencialmente de *relações* estabelecidas pelo organismo diretor da política científica e dos *processos coletivos* por ele desenvolvidos.

(i) Comecemos com a *função de informação*. Neste particular, a comunicação entre o organismo diretor da política científica e os pesquisadores é essencial. Não é desejável que esta comunicação seja feita por pessoas ou organismos interpostos, porque ela abrange questões confidenciais, especialmente quanto à capacidade de pesquisa do país, a pesquisas em andamento ou projetadas e às exigências de meios pelos pesquisadores. Daí a razão por que o inventário do potencial científico e técnico nacional (PST) deriva geralmente de um processo de levantamento por meio de entrevistas, sob a direção da administração central encarregada de conduzir a política científica. Esta mesma administração deve também estabelecer contactos necessários com os diversos Ministérios interessados na política científica, a fim de processar a análise orçamentária dos créditos dedicados ao sistema nacional de R & D, enquanto que um contacto eficaz com o escritório central de estatísticas e os diversos bancos de dados existentes no país permitirá obter as informações necessárias sobre o universo sócio-econômico e cultural em que se desenvolve o sistema nacional de R & D.

Quanto ao sinal de retorno, que permite avaliar as necessidades dos utilizadores dos resultados da R & D, resulta habitualmente de levantamento e de assessoramento; esta é certamente uma das relações mais difíceis de estabelecer e a respeito da qual têm sido realizados muito poucos estudos. No caso dos grandes programas nacionais de pesquisa, o sinal de retorno é às vezes obtido pelo processo de assembléia, especialmente quando certas pesquisas aplicadas ou de desenvolvimento experimental se inserem em operações mais amplas, de iniciativa governamental, e visando ao fornecimento de bens ou de serviços.

No que tange à informação científica e tecnológica propriamente dita, isto é, à informação proveniente da literatura mundial contendo os resultados da pesquisa, trata-se em geral de um serviço que depende da política da ciência, mas cuja gestão é realizada por uma instituição autônoma. No entanto, é sabido que muito freqüentemente é preciso suplementar a documentação escrita com o assessoramento por especialistas.

· Restam as relações com os Ministérios ou organismos encarregados do Plano Nacional de Desenvolvimento e do orçamento da União, as quais serão detalhadas mais adiante, pois têm a particularidade de funcionar de maneira sistemática e contínua nos *dois* sentidos (recepção e emissão).

Além dos levantamentos e pedidos de informações que, por sinal, não demandam a presença simultânea das partes em causa, vê-se que a função de informação recorre aos processos coletivos indicados na Seção I do Quadro anexo, processos que são, muito freqüentemente, organizados sob a égide do órgão diretor da política científica nacional.

(ii) Vejamos agora a função que consiste em *escolher os objetivos e otimizar os meios de R & D*. Chegamos aqui ao âmago da elaboração das políticas científicas nacionais. O Secretariado dos organismos diretores destas políticas tem a atribuição de estabelecer as relações, de preparar os estudos prospectivos (possibilidades, necessidades, conseqüências) e formular as proposições necessárias para a seleção das "estratégias de substituição".

Mesmo quando existe uma organização encarregada do planejamento do desenvolvimento nacional (por exemplo, um Ministério do Planejamento) é indispensável que o órgão diretor da política científica mantenha um panorama permanente do desenvolvimento geral da nação (7) com o fito de informar suas próprias opções de R & D e de estabelecer um diálogo com o Planejamento, na perspectiva das necessidades nacionais e das possibilidades oferecidas pelas previsões científicas e tecnológicas do momento.

Estes trabalhos conduzem, por outro lado, aos "grandes programas" multissetoriais e pluridisciplinares (designados na França como *actions concertées*) de iniciativa do órgão diretor da política científica nacional e cujo financiamento inicial é feito geralmente por um *Fundo de intervenção,* sob suas ordens, até que venha a ser incorporado aos orçamentos dos Ministérios diretamente interessados.

Levando-se em consideração as informações de que dispõe o organismo diretor da política científica nacional, recorre-se então aos processos coletivos indicados na Seção II do Quadro.

(iii) Em seguida, encontra-se a *função de tomada de decisão,* que exige a intervenção dos Ministros responsáveis e, muitas vezes, também do Parlamento, na base das opções preparadas pelo órgão diretor da política nacional. Se a assembléia interministerial for bem conduzida previamente, não deverá haver dificuldade conceitual neste estágio, que é, antes de mais nada, o de arbitramento e de escolhas. Depois disso, restará dar forma às decisões e tomar as indispensáveis medidas para aplicá-las. Finalmente, para a execução das decisões, deve ser assegurada a transmissão:

— às autoridades encarregadas do fornecimento dos meios;

— às instituições encarregadas da promoção setorial da R & D, da execução das pesquisas e do fornecimento dos serviços por ela requeridos.

Este mecanismo de transmissão e de entrosamento corresponde à válvula "V" do diagrama cibernético. Quando este mecanismo emperra, toda a política científica se converte em letra morta, tal como ocorre em certos países em vias de desenvolvimento, nos quais as engrenagens da máquina administrativa, orçamentária e financeira do Estado não estão suficientemente ajustadas e onde, em conseqüência, o Ministério das Finan-

QUADRO DOS PROCESSOS COLETIVOS UTILIZADOS NO DOMÍNIO DA PLANIFICAÇÃO DAS POLÍTICAS CIENTÍFICAS NACIONAIS

SEÇÃO I

	Consultoria		Juntas / Assembléias	Coordenação interministerial
	Grupos de Consulta	levantamentos		
Inventário do PST — Pesquisas em andamento	—	x	—	—
Análise orçamentária	—	x	—	—
Acesso aos dados sócio-econômicos e culturais	—	x	—	—
Necessidades dos utilizadores da pesquisa	x	—	—	—
Informação sobre o processo da ciência e da tecnologia	x	—	—	—
Diretrizes em R & D do Plano Nacional de Desenvolvimento	—	x	x	—
Diretrizes em R & D do Orçamento do Estado	—	—	x	—

SEÇÃO II

176

Previsão do impacto dos resultados da R & D sobre a economia e a sociedade
Escolha dos objetivos possíveis para o sistema R & D
Otimização correspondente dos meios da R & D
Escolha dos Grandes Programas multissetoriais e pluridisciplinares da R & D

SEÇÃO III

Tomada de decisões
Adoção das medidas de aplicação
Financiamento dos Grandes Programas multissetoriais e pluridisciplinares da R & D

SEÇÃO IV

Obstáculos encontrados na execução da R & D
Eficácia interna da R & D
Rentabilidade econômica dos resultados da R & D
Utilidade social dos resultados da R & D

ças (ou do Orçamento) se atribui o direito de executar ou não as decisões tomadas pelo governo, de corpo inteiro, em matéria de política científica. Em caso de dificuldades de tesouraria, observa-se que geralmente é a pesquisa científica uma das primeiras vítimas dos cortes orçamentários, por se tratar de atividade a "longo prazo", cujo impacto não é diretamente perceptível. Cabe lembrar agora a advertência feita pelo eminente futurólogo Ozbekhan: "As conseqüências futuras de nossas ações estão implícitas em nossas decisões e devem portanto ser encaradas como fatos atuais" (8).

De qualquer forma, as relações necessárias ao estágio das decisões governamentais em política científica devem ser sempre interministeriais e os processos coletivos postos em ação devem, por seu lado, ser a elas filiados, tal como se encontra indicado esquematicamente na *Seção III* do Quadro.

(iv) A função de *controle e avaliação* dos resultados diz respeito, em primeiro lugar, à eficiência interna (*efficiency*) do sistema nacional de R & D, o que exige, evidentemente, uma íntima relação com os pesquisadores e as unidades de pesquisa do país. Estas relações são estabelecidas parcialmente pelos relatórios anuais das instituições de pesquisa, às quais eles se integram administrativamente, o que não é suficiente para identificar os obstáculos encontrados pelos pesquisadores no seu trabalho, e que reduz às vezes muito seriamente a eficiência interna da R & D. Por esta razão, são buscados os dados (a) do inventário do potencial científico e técnico nacional, e também (b) dos estudos sobre a eficiência, do ponto de vista dos aspectos qualitativos e quantitativos, dos resultados obtidos.

Desde há alguns anos, a função de controle e de avaliação se dirige, de forma crescente, no sentido de eficiência externa (*effectiveness*) do sistema nacional de R & D. Esta tendência se manifestou sob a influência da análise econômica *a posteriori* que se aplica, na maioria dos países avançados, às despesas do Estado, independentemente de seus objetivos ou aplicações. No entanto, a análise não pode ser unicamente limitada aos aspectos de rentabilidade econômica (custos/benefícios); devem ser igualmente considerados os custos e benefícios sociais, isto é, a utilidade social da aplicação dos resultados da R & D. Reencontramos aqui os estudos de previsibilidade levados a cabo *a priori* para a escolha dos objetivos e a otimização dos meios de R & D. A comparação entre as previsões e os resultados levou os Parlamentos de vários países a exercer a sua função de controle através de perguntas-e-respostas sobre os grandes programas nacionais de R & D, principalmente quando os objetivos não são atingidos nos prazos concedidos ou quando as despesas reais ultrapassam consideravelmente os montantes previstos de início. Numerosos exemplos podem ser citados neste particular, desde os aceleradores de partícula até os protótipos de aviões civis de transporte. A apreciação da eficiência externa do sistema nacional de R & D exige, portanto, o estabelecimento de relações eficazes, não somente com os produtores de bens e serviços que utilizarão os resultados obtidos, mas também com aqueles que consomem e "absorvem" estes produtos.

Conseqüentemente, os processos coletivos a executar para o controle e a avaliação da eficiência (interna e externa) do sistema nacional de R & D podem ser resumidos conforme indicado na *Seção IV* do Quadro.

c) A análise precedente permite tirar certas *conclusões sobre o plano das estruturas centrais* de planejamento das políticas científicas nacionais.

1) Observa-se inicialmente que ao Secretariado do órgão diretor da política científica incumbem os levantamentos relativos a:

— inventário do potencial científico e técnico nacional (aí comprendida a elaboração das estatísticas da ciência que lhe correspondem, e o recenseamento das pesquisas em andamento);

— a análise orçamentária dos créditos dedicados ao sistema nacional de R & D pelos diversos departamentos ministeriais;

— o conjunto de dados sócio-econômicos e culturais necessários à planificação científica.

2) Em seguida vêm os estudos do Secretariado, que necessitam dos *levantamentos e da assessoria coletiva* de especialistas convocados a título pessoal, tendo em vista sua reconhecida competência num domínio qualquer que interesse à política ou à pesquisa científica.

As atividades que requerem tais assessoramentos compreendem, em especial:

— a identificação das exigências dos utilizadores dos resultados da pesquisa;

— a apresentação sintética do progresso da Ciência ou da Tecnologia em determinados domínios;

— a formulação das oportunidades e necessidades do desenvolvimento nacional;

— a elaboração de panoramas do desenvolvimento nacional baseados na aplicação da Ciência e da Tecnologia;

— a previsão tecnológica;

— a previsão do impacto dos resultados da R & D sobre a economia e, principalmente, sobre a sociedade;

— a identificação dos obstáculos encontrados na execução da R & D;

— a avaliação da eficiência interna (qualidade e produtividade) do sistema nacional de R & D;

— a determinação da rentabilidade econômica e a avaliação da utilidade social dos resultados da pesquisa.

O número de especialistas diferentes que devem ser consultados para estas tarefas diversas é forçosamente elevado. Esta é a razão de reuni-los em comitês e grupos de trabalho *ad hoc,* cuja existência termina com a produção de um relatório sobre a questão estudada. Compreende-se assim por que a tendência atual não seja a de atribuir uma função puramente de assessoramento ao órgão coletivo superior que formula a política científica do governo.

É necessário, entretanto, assinalar que no período de "arrancada" da política científica nacional, ou seja, durante os anos em que se ensaiam os primeiros passos, utiliza-se, às vezes, um outro processo de assessoramento. Assim, por exemplo, em 1955 o Conselho superior da pesquisa científica e técnica da França compreendia cerca de 130 membros. Mas o trabalho é então forçosamente realizado por comissões que constituem os grupos *ad hoc* mencionados acima. Este método de assessoramento em nível superior fornece bons resultados, sobretudo na abordagem do tipo "dificuldades-soluções", isto é, para a melhoria da eficiência interna do sistema nacional de R & D. Mas é completamente inoperante para a formulação de uma política positiva, baseada na determinação de objetivos para a R & D, com uma concomitante otimização dos meios, porque as partes intervenientes não se acham absolutamente obrigadas às recomendações por elas submetidas coletivamente ao governo.

3) Chega-se, assim, ao trabalho de planificação da política científica que requer o sistema de assembléias ou juntas e/ou uma coordenação interministerial. Neste sentido, os países que adotam a planificação normativa e a coletivização dos instrumentos de produção não fazem distinção alguma — como era de esperar — entre assembléia e coordenação *, ao contrário dos países que optaram pela planificação incitativa ou exploratória, que os distinguem com muito cuidado e deles se utilizam com muita diferenciação.

Lembremos que os três principais "associados" ou parceiros no estágio da execução da pesquisa são:

— os laboratórios de pesquisa e serviços científicos do Estado, que dependem, de maneira mais ou menos restrita, de um determinado Ministério (incluem-se aqui os centros nacionais de pesquisa e os institutos de pesquisa das Academias de ciências dos países socialistas);

— as universidades e outros estabelecimentos de ensino superior, com os laboratórios de pesquisa e, às vezes, os serviços científicos deles dependentes. Sa-

(*) Ver na p. 168 e ss., o sentido que se empresta a estes conceitos no presente trabalho.

be-se que, em numerosos países, as universidades possuem uma autonomia jurídica e administrativa muito acentuada;

— as empresas de produção, com seus laboratórios e serviços de pesquisa individual ou coletiva (por ramo de indústria, por exemplo); estas empresas podem ser, segundo o caso, propriedade pública ou privada.

Ao se pretender que uma política científica seja verdadeiramente nacional, é preciso fazer com que ela se imponha a estes três parceiros principais.

De qualquer forma, há certas etapas do planejamento que estão áfetas exclusivamente ao governo e que compreendem decisões que envolvem o aparelho estatal e os organismos que estatutariamente dele dependem.. O processo de *coordenação interministerial* entra em pleno funcionamento neste caso.

Como a política científica envolve a maioria dos Ministérios, sua administração central se encontra geralmente ligada à mais alta das autoridades governamentais, ou seja, ao Primeiro Ministro ou à Presidência da República. Pode também ocorrer que um Ministro receba delegação para cuidar das questões de política científica; segundo o caso, ele recebe o título de Ministro da Ciência, da pesquisa, do desenvolvimento científico, etc. Esta função é, às vezes, acumulada com a pasta do Planejamento, da Educação, da Indústria, etc. De acordo com as práticas estabelecidas em cada país, este Ministro toma suas *decisões* isoladamente ou então reúne, para este fim, um comitê ministerial de política científica. Por outro lado, certas decisões importantes são tomadas, em todos os países, nas sessões plenárias do Conselho dos Ministros.

A estruturação das decisões, e também a adoção das medidas de aplicação é muitas vezes o objeto de trabalho de um comitê interministerial da política científica, composto de funcionários superiores dos diversos Ministérios interessados. Outras vezes, contudo, esta função é confiada à administração central do governo, encarregada da orientação da política científica.

4) O ponto crucial do trabalho de planificação da política científica se situa no processo coletivo de

escolha de objetivos e de distribuição dos meios. Disto deve se ocupar, antes de mais nada, o principal órgão diretor da política científica nacional (Conselho, Comitê de Estado, etc.). Neste ponto, os "associados" devem assumir um compromisso mínimo, senão as decisões ministeriais cairiam no vazio. Trata-se portanto, neste estágio, do sistema de assembléia nos regimes que praticam a planificação incitativa ou exploratória, e da coordenação interministerial, no regime de planificação normativa.

O que importa saber exatamente é até que ponto os diferentes membros do principal órgão diretor da política científica têm o poder de engajar as instituições que representam, porque é exatamente esta a questão a tratar, se não se deseja ver os conflitos e divergências de pontos de vista se depositarem automaticamente sobre a mesa do Ministro ou de seus colegas, reunidos em conselho.

Encontram-se neste órgão diretor os representantes:

a) das instituições que executam a pesquisa, isto é:
— as instituições científicas estatais, bem como as que são financiadas pelo governo;
— as universidades e outros estabelecimentos de ensino superior;
— as empresas de produção;

b) das instituições encarregadas da promoção setorial da pesquisa, como as fundações e conselhos nacionais de pesquisa;

c) da comunidade científica nacional (pois se trata, apesar de tudo, da pesquisa científica e técnica), e por vezes, também,

d) dos meios financeiros * e

e) das grandes organizações sindicais, cujo papel aqui é não somente o de representar os interesses dos pesquisadores, mas também o de contribuir para ajustar as previsões relativas ao impacto das ciências e das novas técnicas sobre a sociedade.

Resta assegurar a representação, no órgão diretor da política científica, do Orçamento (Ministério das

(*) Especialmente quando o financiamento privado da pesquisa passa através de bancos de investimento que administram fundos de pesquisa ligados a seus objetivos de desenvolvimento.

Finanças) e do Plano Nacional de Desenvolvimento (Ministério do Planejamento). Esta representação é nitidamente distinta das outras, no sentido de que, de certa forma, ela transcende a política científica. Na verdade, é do Planejamento e do Orçamento geral do Estado que provém o *quadro geral* dos meios financeiros e/ou dos objetivos gerais do desenvolvimento, com o qual a política científica nacional deve estar em harmonia.

Fica bem entendido que podem ocorrer bloqueios "políticos", tanto no principal órgão diretor da política científica, quanto entre a administração encarregada da política científica e o órgão diretor em questão, ao qual aquela fornece o secretariado. Os problemas chegam, então, ao nível da decisão propriamente dita e é aos Ministros que cabe resolvê-los.

5) Nos países onde existe um plano nacional de desenvolvimento de caráter normativo ou incitativo, a política científica a ele se prende logicamente, de maneira orgânica, sob o risco de funcionar em vão. Do ponto de vista do Planejamento, o sistema nacional de R & D aparece como consumidor de recursos financeiros e, sobretudo, de pessoal científico e técnico altamente qualificado. Mas aparece também como o instrumento privilegiado de onde provém (ou pelo qual transita) a inovação tecnológica, com os crescimentos de produtividade, e a abertura de novas perspectivas e a criação de novos empregos daí resultantes.

Portanto, ao organismo central encarregado da política científica e ao seu secretariado incumbe:

— prever as necessidades da pesquisa nos sucessivos períodos cobertos pelo Plano de desenvolvimento geral da Nação e

— examinar e formular críticas construtivas dos diversos capítulos do Plano que se baseiam diretamente nas aplicações da Ciência e da Tecnologia, principalmente na produção nacional de bens e nos serviços sócio-tecnológicos do país.

As estruturas governamentais desenvolvidas para enfrentar este duplo encargo são às vezes incorporadas ao Ministério (Comissariado ou Secretaria de Estado) do Planejamento, como ocorre na França. Mas, geralmente, elas são independentes do Plano Nacional, como o caso da União Soviética, pelas razões indicadas no parágrafo 3 acima.

3. ESTRUTURAS DE PROMOÇÃO SETORIAL

Uma vez abertos os créditos de pesquisa previstos no Orçamento científico da nação, cabe distribuí-los, seja na forma direta de créditos globais às instituições que efetuam a pesquisa e aos "grandes programas", conforme se trate de gestão clássica ou de administração por objetivos, seja sob a forma indireta de contratos ou subvenções diversas a pesquisadores individuais ou a unidades de pesquisa, no caso da promoção setorial da política científica.

O estabelecimento, de um lado, de instituições de pesquisa e, de outro, de instituições "intermediárias" encarregadas de promover, financiar, programar em detalhe e coordenar o trabalho científico ao nível setorial *, constitui um dos aspectos mais fundamentais da política científica nacional, porque a execução e a aplicação das decisões tomadas ao nível governamental global (interministerial) depende evidentemente da qualidade daquelas instituições.

Mas o que nos interessa acima de tudo neste estudo é a função do "promotor". Na verdade, é neste estágio que os recursos são distribuídos aos pesquisadores e às unidades de pesquisa, em função de critérios de excelência e no quadro do planejamento orçamentário, decidido no nível superior de planificação da política científica, em função de critérios de pertinência relativamente ao desenvolvimento nacional.

A importância preponderante do critério de excelência, ao nível de promoção setorial, dá um relevo todo particular ao assessoramento, por parte de especialistas altamente qualificados, dos diversos ramos da Ciência e da Tecnologia que estão em jogo.

(*) Compreende-se aqui por setorial tanto o setor sócio-econômico em favor do qual se exerce a atividade de pesquisa (Agricultura, Medicina, Indústria) quanto o tipo de pesquisa (fundamental, aplicada, desenvolvimento experimental).

Vários países, especialmente os que permanecem fiéis à planificação exploratória, preferem deixar uma parte deste papel de "promoção setorial" fora dos mecanismos centrais de elaboração da política científica nacional, sem confiá-los, todavia, às instituições de pesquisa propriamente ditas, das quais dependem administrativamente as unidades de pesquisa. De qualquer forma, são numerosos os pesquisadores que pensam que a transformação de diretivas gerais em "projetos de pesquisa" deva situar-se muito mais próxima do trabalho científico do que da planificação. Neste particular, eles se unem à corrente de pensamento que impregna de um modo geral a moderna administração: a delegação de autoridade (e de responsabilidade), que coloca o máximo de poderes de decisão o mais próximo possível da ação. No final das contas, independentemente do tipo de organização * escolhido para os organismos do "segundo nível", recenseados pelo levantamento da UNESCO, a promoção setorial da pesquisa levanta numerosos problemas inerentes ao seu papel de intermediário entre a planificação geral da política científica e a execução de projetos específicos de pesquisa. Constata-se, neste domínio, que as tradições administrativas dos países freqüentemente sobrepujam as considerações de uma administração eficaz. E segundo o caráter mais ou menos impositivo da planificação em vigor neste ou naquele país, encontram-se as mais variadas formas de estruturas para a promoção setorial da R & D, desde a integração total dos órgãos centrais de planificação da política científica até sua completa atomização no interior das próprias instituições encarregadas da execução da pesquisa. A verdade de cada país se encontra entre esses dois extremos, sem que seja possível uma decisão *in abstracto*. É preciso que, em cada caso e para cada setor, se faça um exame aprofundado dos fatores que entram em jogo, dentre os quais devemos citar:

— o sistema de planificação em vigor: normativo, incitativo ou exploratório;

(*) São especialmente os Conselhos de pesquisa, Fundações nacionais da pesquisa e outros organismos similares, cujo papel é sobretudo o de promover a pesquisa nas Universidades em bases seletivas e segundo o critério do mérito.

— as modalidades de cooperação entre países de mesma união econômica;

— a importância dos créditos à pesquisa e do número de pesquisadores em causa;

— a eficiência (interna e externa) das unidades de pesquisa;

— o número e a dimensão das instituições que efetuam a pesquisa;

— o estatuto jurídico das universidades;

— as condições de emprego, de carreira e de trabalho dos pesquisadores;

— a formação pós-graduada dos pesquisadores no país e no estrangeiro;

— a proteção legal à invenção;

— a cooperação entre indústrias e universidades;

— a política adotada em matéria de subvenções e contratos de pesquisa.

Embora não interfiram na programação detalhada das pesquisas, os órgãos centrais da política científica não podem desprezar os exames destes fatores, o que os conduziria necessariamente a tomar as decisões que se impõem no plano da organização institucional para a promoção e o financiamento da pesquisa em nível setorial. Por tudo isto incluí esta função, sem hesitação, na Zona I do diagrama cibernético da Figura 2: planificação da política científica nacional.

Em resumo, o papel do planificador é o de canalizar os fluxos financeiros destinados ao sistema nacional de R & D, no sentido de empregá-los das formas mais úteis ao desenvolvimento nacional, incluindo o aumento do conhecimento *per se* (pesquisa fundamental). O papel dos organismos de promoção setorial e de financiamento da R & D é o de desenvolver as diretivas gerais do planejamento e do orçamento científico da nação, ao nível "tático", isto é, adaptando-os de maneira *pertinente* aos casos particulares, na base de critérios de excelência que lhes toca determinar.

A análise detalhada da estrutura interna dos organismos de promoção setorial da pesquisa sairia do âmbito do presente trabalho. Digamos simplesmente que uma evolução parece esboçar-se nos países da Europa mais ligados à autonomia da gestão dos organismos de promoção setorial da R & D; este movimento, deflagrado na maioria das vezes por iniciativa dos Parlamentos, visa a tornar mais precisas as responsabilidades daqueles organismos em matéria de política científica nacional e a reforçar paralelamente o controle e a avaliação de suas atividades.

Referências Bibliográficas

1. Paul Idatt. *La cybernétique.* Seghers, Paris 1969, p. 48.

2. Spaey J. et al. "Le développement par la science". UNESCO, Paris, 1969, p. 127 (Esta publicação existe em versões inglesa e espanhola).

3. Pierre Massé. *Le plan ou le anti-hasard.* Ed. Gallimard, Paris, 1965.

4. Cf. *Répertoire mondial d'organismes directeurs de la politique scientifique nationale.* Vol. I: *Europe et Amérique du Nord.* UNESCO, Paris, 1966, 356 pp.; Vol. II: *Asie et Océanie.* UNESCO, Paris, 1968, 157 pp.; Vol III: *Amérique Latine.* UNESCO, Paris, 1968, 187 pp.; Vol IV: *Afrique et États Arabes.* Em preparo.

5. "Manuel d'inventaire du potentiel scientifique et technique national", publicado pela UNESCO na série "Études et documents de politique scientifique", Paris, 1970.

6. Y. de HEMPTINNE et M. CHAPDELAINE: "Priority setting for R and D at the national level", Acta Cient. Venezolana 21:165-179, 1970.

7. Cf. P. PIGANIOL, Y. de HEMPTINNE, L. VU CONG: "Développement national, innovation technologique et programation de la recherche" em "Méthodes et moyens de déploiement de l'activité scientifique dans les pays d'Afrique intertropicale", Études et documents de politique scientifique Nº 11, UNESCO, Paris, 1967.

8. H. OZBEKHAN. "Toward a general theory of planning" *in Perspectives of planning,* p. 69, E Jantsch, ed. O.C.D.E., Paris, 1969.

ORGANIZAÇÃO ESTRUTURAL DA POLÍTICA CIENTÍFICA E TECNOLÓGICA

1. *Introdução*

Dentro do tema proposto, desejamos apresentar algumas considerações, visando à sugestão de uma organização estrutural de Ciência e Tecnologia, no quadro das atividades nacionais, com a finalidade de reconhecer os seus limites devidos e a sua influência indiscutível no seu aspecto dinâmico do desenvolvimento econômico e social, bem como nos campos cultural, educacional e mesmo psicológico. Os processos de crescimento e mudança, característicos do desenvolvimento moderno, sofrem inegável influência da Ciência e Tecnologia.

2. Premissas de uma Política Científica

Antes de apresentar uma estruturação, é necessário considerar algumas premissas e justificativas básicas de uma política científica e tecnológica, capazes de orientar as decisões a serem tomadas, nesse importante campo, com a finalidade de implantar uma genuína política de ciência em nível governamental. Entre essas, consideramos:

2.1. A AUTONOMIA CIENTÍFICA DAS NAÇÕES

O progresso de um país depende de sua capacidade de identificar e resolver problemas científicos e técnicos que confronta em sucessivos estágios de desenvolvimento econômico e social.

Esta afirmativa é particularmente relevante, quando se enfrenta a mudança de indústrias tradicionais em novas formas de produção e na integração de técnicas modernas no sistema nacional de produção.

Esse processo não pode tomar lugar em países que não alcançaram um certo grau de avanço em ciência, cuja influência pode, então, ser reconhecida como pré-requisito essencial para qualquer independência genuinamente nacional.

2.2. LIVRE INTERCÂMBIO DE INFORMAÇÃO CIENTÍFICA

Enquanto seja de interesse de todos os países o desenvolvimento ao mais alto grau possível do exercício dos seus direitos de autogoverno em assuntos nacionais de Ciência, nunca se deve esquecer que a Ciência, por sua própria natureza, é de caráter internacional e, portanto, nenhum país pode ou deve reclamar uma completa independência científica. O livre intercâmbio de informações entre os membros da comunidade científica mundial é uma condição básica para um progresso a longo prazo da humanidade.

2.3. O DUPLO ASPECTO DA POLÍTICA CIENTÍFICA

Existem sempre dois aspectos intimamente ligados e envolvidos na política científica nacional, tais como:

— o desenvolvimento do potencial científico e tecnológico nacional, que inclui o encorajamento dos estudos científicos e tecnológicos pela sua própria satisfação (isto é, a Ciência como cultura);

— o uso das forças criadoras e de assimilação inerentes àquele potencial, para atingir os objetivos da política geral do desenvolvimento do país (isto é, Ciência para aplicação). De qualquer forma, a política nacional de ciência deve tratar profundamente os dois aspectos, ou seja: o avanço da Ciência como sua própria finalidade e a aplicação da Ciência à Tecnologia para a produção de bens e serviços.

2.4. CAMPO INTELECTUAL DA POLÍTICA CIENTÍFICA

A Ciência pode ser definida em termos amplos como cobrindo todo o campo do conhecimento humano. Entretanto, enquanto o avanço das Ciências Sociais e Humanidades pode ser ativado em conjunto com as Ciências Naturais na política nacional de pesquisa científica, outras considerações entram em discussão quando as Ciências Sociais são aplicadas ao desenvolvimento.

Neste estágio, as Ciências Sociais encontram o seu lugar apropriado para consideração, não só nos órgãos de planejamento da política científica do governo mas, também, nas instituições centrais de planejamento sócio-econômico do Estado (para os processos de planejamento a longo prazo) e nos vários departamentos do governo (para o planejamento a curto prazo, e administração diária).

2.5. A UNIDADE DA POLÍTICA DE PLANEJAMENTO CIENTÍFICO

Se a política de planejamento científico precisa ser uma parte eficiente, coerente e significativa das operações governamentais, as várias atividades incluídas em tal planejamento devem ter uma forma integrada global. Em primeira aproximação, isto parece indicar um sistema central de planejamento. Entretanto, quando o volume geral de atividades científicas num país é muito grande, pode exceder a um valor crítico e, portanto, fora de qualquer outra consideração, o que torna impraticável uma centralização total. A questão chave é, então, até onde deve ser introduzida a descentralização.

Em termos operacionais, as atividades de planejamento da política científica devem incluir, pelo menos, o seguinte:

2.5.1 — a estimativa quantitativa de recursos, proporcionando o conhecimento do potencial científico e tecnológico da nação ou do Estado, pré-requisito essencial para ação posterior. As operações consistem, principalmente, em:

a) coleta de dados estatísticos ou outros, que constituam uma base concreta, essencial para compreender a movimentação dos recursos científicos e tecnológicos (pessoal, finanças, instituições, instalações, equipamentos, etc.);

b) introdução de um sistema nacional de estatísticas relacionadas com a Ciência e Tecnologia.

2.5.2 — o processamento e interpretação de dados obtidos de questionários, levantamentos estatísticos e inventários; e o estabelecimento da política nacional financeira para a Ciência;

2.5.3 — a fixação dos objetivos científicos e tecnológicos: estabelecimento das prioridades nacionais no assunto, que levem à formulação de programas para a educação superior e pesquisa básica em ciência; cooperação com atividades em outros setores apropriados na formulação de programas de Ciência Aplicada.

2.5.4 — a concretização dos objetivos acima, incluindo o necessário desenvolvimento dos recursos para Ciência, avaliação de resultados de programas de pesquisa e a aplicação prática dos mesmos.

Enquanto o planejamento geral da política nacional de Ciência deva ser, pela sua própria natureza, o mais possível, um processo centralizado, não há dúvidas quanto à necessidade de descentralização de instalações de pesquisa e desenvolvimento, bem como dos planejamentos detalhados de programas e projetos individuais de pesquisa científica. Todos os países avançados, seja qual for o seu sistema político, têm sido muito cuidadosos em descentralizar as decisões relativas à pesquisa científica em unidades menores possíveis, colocando a autoridade de decisão do trabalho científico nos pontos mais próximos das ações.

O tamanho das unidades deve ser, sem dúvida, compatível com os requisitos de que os elementos científicos constituam uma equipe integrada com objetivos comuns de pesquisa.

É desnecessário dizer que, somente funciona a descentralização, se houver delegação real de autoridade. Havendo necessidade de relato de detalhes, ou pior ainda, se os mesmos forem controlados *a priori,* o sistema dificilmente terá condições de se descentralizar.

2.6. ESTABILIDADE DA INFRA-ESTRUTURA CIENTÍFICA NACIONAL

Em nível de execução de pesquisa, os fatores mais importantes são a estabilidade e a continuidade do trabalho em realização nas instituições que constituem este sistema.

O papel de um Ministério de Ciência e Tecnologia ou de uma Secretaria de Ciência e Tecnologia, neste contexto, além de suas atribuições genuínas, deve atentar para a dinamização das atividades de desenvolvimento nos setores econômicos dos Ministérios ou Secretarias individuais (por exemplo: Saúde, Energia, Educação, Comunicações, Agricultura, etc.), que requerem para o sucesso e progresso na condução de suas atividades, a organização de seções próprias de pesquisa científica, capazes de tomar responsabilidade nas tarefas que envolvam iniciativa e inovação.

2.7. O USO DE RETROALIMENTAÇÃO NA FORMULAÇÃO DA POLÍTICA CIENTÍFICA:

No planejamento dos programas de pesquisa existe um grau considerável de incerteza com relação à possibilidade de atingir objetivos pré-fixados, particularmente na parte final do espectro de pesquisa onde, de fato, à medida que se aproxima do limite, não existem objetivos bem definidos. Somente no estágio de desenvolvimento tecnológico, que precede a aplicação prática (inovação), existe uma chance de sucesso de 95%, mesmo que, nesta fase, o tempo e os recursos consumidos possam exceder às estimativas iniciais.

Os planos que se relacionam com pesquisa científica são mais sujeitos a serem afetados pelos eventos imprevistos, tais como: de um lado, a impossibilidade de obtenção de resultados experimentais consistentes ou, de outro lado, uma súbita descoberta de um novo "veio" de conhecimento. Portanto, além do estabelecimento de um plano inicial sólido, é necessário providenciar instrumentos para assegurar uma correção adequada, transmitindo-se os dados correspondentes aos resultados atuais e às necessidades de inovação, de volta aos pontos de planejamento, onde são comparados com os resultados originais projetados, permitindo a introdução desses fatores de correção. Em outras palavras, deve ser adotado o mecanismo fundamental do controle, associado com a Ciência de Cibernética.

2.8. PARTICIPAÇÃO DE CIENTISTAS NO PLANEJAMENTO DA POLÍTICA CIENTÍFICA:

Na área específica do planejamento da política científica, é vital assegurar-se a participação ativa de cientistas e tecnólogos, evitando que sejam relegados a uma posição inferior nos organismos governamentais da política central de Ciência, ou nos seus diversos grupos de planejamento.

É, também, de igual importância que sejam incluídos, em todos os estágios do processo de planejamento científico, os cientistas sociais e, em particular, os economistas.

3. *Organização governamental para a política científica e tecnológica e o planejamento das atividades de pesquisa:*

A experiência demonstra que estas organizações podem ser grupadas de uma maneira geral em três níveis distintos, tais como:

1º Nível Funcional: planejamento, decisão e controle da Política Nacional de Ciência ou Política Estadual de Ciência.

A função de decisão é exercida por:

a) um Ministro de Pesquisa Científica ou Secretário de Ciência e Tecnologia, onde o Ministro ou Secretário de Estado é responsável pela política científica, por delegação do Presidente da República ou do Governador do Estado;

b) um Conselho, onde a Ciência e a Política Científica são decididas coletivamente por um Conselho de Ministros dos departamentos relacionados com pesquisa científica (os chamados Ministérios Técnicos ou Secretarias Técnicas);

c) o Governo agindo como um Conselho pleno: Conselho de Segurança Nacional.

A função de formulação ou planejamento é usualmente exercida por:

a) um Conselho Nacional para Política de Ciência ou Pesquisa Científica, assistida por um Secretariado científico e administrativo, junto ao Presidente da República, Ministro de Estado responsável pela pesquisa científica ou Secretário Estadual de Ciência e Tecnologia;

b) um escritório de assuntos científicos, fazendo parte integrante do Gabinete do Presidente da República ou do Governador do Estado, assistido por um Conselho, assessor de Ciência.

A função legislativa é usualmente exercida pela Assembléia, junto ao Governo.

2º *Nível Funcional*: coordenação, encorajamento e financiamento das pesquisas científicas e tecnológicas em nível Nacional ou Estadual.

Dependendo do volume e diversidade das pesquisas científicas conduzidas no país e no Estado, estas funções são tomadas por um ou mais organismos cujas esferas de competência são determinadas pelo tipo de pesquisa (isto é, fundamental, aplicada ou tecnológica), e, algumas vezes, também, pelo setor sócio-econômico em conexão, com o qual as atividades de pesquisa são conduzidas. Por exemplo:

a) Ciências fundamentais: Conselho Nacional ou Centro de Pesquisas Científicas, Fundo Nacional para Pesquisa Científica, Academias de Ciências;

b) Ciências Aplicadas e Tecnologia: Conselho Nacional de Pesquisa Industrial;

c) Agricultura: Conselho Nacional de Pesquisa Agrícola;

d) Medicina: Conselho Nacional de Pesquisa Médica;

e) Ciências Nucleares: Comissão Nacional de Energia Nuclear.

Algumas organizações desse tipo têm seus próprios laboratórios de pesquisa, especialmente para pesquisa fundamental.

3º *Nível Funcional*: Execução da Pesquisa:

As organizações, incluídas nessa denominação, têm seus próprios laboratórios, unidades ou departamentos de pesquisa que, em conjunto, constituem a rede operacional de pesquisa científica-tecnológica no país ou no Estado. Entre elas podemos grupar:

a) *Universidades*: Na maioria dos países em desenvolvimento, a grande parte das unidades de pesquisa, autônomas com relação a seu programa, métodos e detalhes experimentais, estão nas Universidades. Em alguns países, há, usualmente, uma organização chamada "Conferência de Reitores", em outros, fundações e universidades-fundações, com o objetivo de coordenar a política científica, atuando no nível de diretores de estabelecimentos de educação superior;

b) *Institutos Científicos do Estado*: Ao lado das Universidades existem outros Institutos nacionais mais diretamente ligados aos vários Ministérios de Estado.

As tarefas desses Institutos são, principalmente, conduzir pesquisas científicas dentro de suas esferas de competência. Algumas vezes, incluem a execução de certos serviços científicos para todo o país, de maneira regular e em base permanente;

c) *Serviços Científicos*: Nessa classificação, incluímos vários serviços sem os quais não se pode levar a cabo pesquisas. Eles tratam de diversos assuntos, sendo dos mais importantes:

— *Serviços de Informação Científica*: Destinados a fornecer aos pesquisadores, as informações necessárias ao progresso do conhecimento no seu campo particular de interesse. A informação referida pode ser fornecida de forma física (por exemplo: jornais, filmes, *tapes* magnéticos) ou pode ser adquirida, verbalmente, por intercâmbio de cientistas e encontros científicos;

— *Levantamentos Científicos e Observatórios*: Esses serviços científicos devem ser fornecidos numa base permanente, de maneira a assegurar aos pesquisadores um acesso aos fatos e dados físicos precisos, especialmente no tocante aos recursos naturais de seus países;

— *Serviço para Calibração de Equipamento e Comparação de Padrões para Medidas Físicas, Químicas e Biológicas;*

— *Oficinas de Manutenção e Reparação de Instrumentos Científicos*: Estes serviços são particularmente importantes nos países que não tenham a sua própria indústria para manufatura de equipamentos científicos;

— *Centros Nacionais de Processamento de Dados*: Empenhados na tarefa de auxiliar o Governo, laboratórios de pesquisa e organizações produtoras na solução de seus problemas complexos;

— *Organizações Industriais e Comerciais*: Dedicadas, principalmente, nos países avançados, às operações relacionadas com a pesquisa aplicada e desenvolvimento tecnológico, são executadas nas organizações industriais (públicas ou privadas) e nos laboratórios de firmas comerciais.

4. Conclusão

O presente trabalho é um resumo de publicações da UNESCO, cuja finalidade é suscitar debate sobre tão importante assunto.

Diante do exposto, podemos visualizar as atividades científicas e tecnológicas, inseridas no contexto do Poder Nacional, como um campo de importância vital para a segurança e desenvolvimento, sendo um imperativo atual a preocupação em se estruturar suas atividades, seja na esfera governamental ou junto aos organismos dinâmicos do desenvolvimento nacional.

Em torno do mesmo, e na ocasião oportuna, serão apresentados os documentos disponíveis, relacionados com a conjuntura nacional que, salvo melhor juízo, poderão justificar a adoção de um sistema nacional de Ciência e Tecnologia, no presente estágio de desenvolvimento do Brasil.

Agradecemos ao Exmo. Sr. Secretário de Ciência e Tecnologia, Coronel Júlio Alberto de Moraes Coutinho, a honrosa incumbência de participar de tão importante Simpósio, nas comemorações do 25º Aniversário do Instituto de Biofísica, como representante da Secretaria de Ciência e Tecnologia do Estado da Guanabara.

Referências Bibliográficas

1. Nations Unies. *Le Développement par la Science et la Technique*. Paris, Dunod, 1964.
2. Industrial College of the Armed Forces. *Science and Technology: vital national assets*. Washington, DC, 1966.
3. Idem. *Research and Development*. Washington, DC, 1959.

4. UNESCO. *Développement du Potentiel Scientifique et Technologique*. Paris, 1968.
5. UNESCO. *Science Policy and its relation to national development planning*. Paris, 1968.
6. Secretaria de Ciência e Tecnologia. *Relatório de 1971*. Rio, 1971.
7. Idem. *Relatório do Ano 2000*. Rio, 1970.
8. Idem. Conselho Estadual de Ciência e Tecnologia. *Diretrizes Gerais de Planejamento da Política Científica e Tecnológica*. Rio, 1971.
9. Conselho Nacional de Pesquisas. *Pesquisas em Andamento no Brasil*. IBBD, 1968 e 1969.
10. Idem. *Relatório de 1967, 1968 e 1969*.
11. Secretaria de Governo. *Reorganização Administrativa — COA*. Rio, 1969.
12. Idem. *Indicador das Repartições do Estado da Guanabara — COA*. Rio, 1970.
13. Ministério do Planejamento e Coordenação Geral. *Metas e Bases do Governo Federal*. Rio, 1970.
14. Escola Superior de Guerra. Várias Conferências. DE, 1970.

3ª Parte

ENTIDADES E ORGANIZAÇÕES
RESPONSÁVEIS PELOS MEIOS

ENTIDADES E ORGANIZAÇÕES INCUMBIDAS DA ATRIBUIÇÃO DOS MEIOS

Antes de abordar o tema que me foi atribuído, gostaria de examinar algumas características da atual política brasileira de desenvolvimento científico e tecnológico. A principal diretriz dessa política é a vinculação dos esforços de pesquisa científica e tecnológica às reais necessidades do desenvolvimento econômico e social.

Tal vinculação traduz-se na fixação de três objetivos básicos:

- ● Estimular as atividades de reconhecimento e investigação dos recursos naturais do país e a solução adequada às condições brasileiras, dos problemas tecnológicos específicos dos diferentes setores econômicos.

- Acompanhar o progresso científico e tecnológico mundial adaptando a tecnologia às nossas próprias necessidades.

- Amparar e desenvolver a tecnologia nacional encarada como instrumento de aceleração do desenvolvimento.

A consecução destes objetivos obedecerá aos princípios de execução descentralizada da pesquisa, de coordenação da ação governamental, de concentração adequada dos recursos nacionais em áreas e campos prioritários de atuação, a fim de evitar a dispersão de esforços, bem como do estímulo à participação do setor privado.

Caberá ao Conselho Nacional de Pesquisas-CNPq assessorar o executivo na coordenação, formulação e execução dessa política em articulação com o Ministério do Planejamento e Coordenação Geral. A fim de dinamizar a ação governamental conceder-se-ão recursos financeiros preferencialmente aos programas e projetos definidos como prioritários, em cada ano, nos orçamentos governamentais para pesquisa. Com o mesmo objetivo de evitar a pulverização de recursos, o apoio governamental aos institutos, centros e laboratórios públicos e privados de pesquisa, concentrar-se-á em "centros de excelência" identificados em cada setor da pesquisa pura e aplicada segundo a sua operatividade e a qualidade de sua produção científica. Estes centros terão a dupla missão de formar novos pesquisadores e de executar, com maior rendimento, os projetos de pesquisa definidos em cada uma das áreas prioritárias.

Procurar-se-á ainda favorecer a atividade científica através da formação de pesquisadores, e através de uma política de amparo ao pessoal científico e técnico de alto nível, concedendo-lhe remuneração condigna e criando condições adequadas de trabalho às equipes de pesquisadores. Propõe-se, igualmente, o Governo a evitar, através dessa política, a evasão de cientistas e técnicos para o exterior.

Reorientar-se-á o ensino universitário para a formação técnica e científica de base, estimulando a captação de recursos privados para os programas de pesquisa, e orientando os programas de assistência técnica e cooperação científica de entidades internacionais para suprir as reais necessidades nacionais, a fim de emprestar maior efetividade a esta colaboração e enfim concentrar esforços no desenvolvimento da tecnologia industrial.

Os instrumentos de caráter administrativo, financeiro e fiscal para execução dessas diretrizes, tanto no setor público como no setor privado são os seguintes:

a) Reorganização do sistema governamental de pesquisa e desenvolvimento;

b) Organização e fortalecimento progressivo do orçamento para Ciência, elevando sua participação nos gastos governamentais e permitindo a avaliação e comparação dos recursos aplicados nos diferentes campos científicos e tecnológicos;

c) Constituição e ampliação dos fundos públicos para financiamento da pesquisa, como o FNDCT, a ser administrado pela FINEP e, ainda, o FUNTEC — subordinado ao BNDE e o FUNAT — subordinado ao INT. Estes fundos permitem orientar o desenvolvimento das pesquisas de caráter científico e tecnológico para os campos, áreas e centros prioritários, através da concessão de recursos para expansão e aparelhamento, manutenção e operação destes centros de pesquisa, formação e treinamento de pesquisadores, financiamento de projetos específicos de pesquisa tanto no setor público como no setor privado;

d) Revisão e aperfeiçoamento da legislação fiscal de incentivo ao investimento privado em pesquisa/desenvolvimento;

e) Aceleração dos procedimentos administrativos de proteção à propriedade industrial e de estudo e controle de processos de transferência de tecnologia, mediante modificações cabíveis da legislação em vigor, bem como de acordos e compromissos internacionais no tocante a patentes e questões correlatas;

f) Formulação de uma política de compras oficiais com vistas ao estímulo à criação de uma tecnologia industrial brasileira;

g) Criação de condições propícias à integração entre os órgãos de ensino e de pesquisa e a empresa.

No que concerne à importância dos recursos, de origem federal, estadual e privada, destinados à pesquisa/desenvolvimento, no Brasil, estima-se que atingem, atualmente, a cifra de 0,5% do nosso Produto Nacional Bruto.

Verifica-se assim que, no que diz respeito ao volume dos recursos destinados à pesquisa/desenvolvimento, nossa situação em termos relativos não é tão desfavorável como se poderia pensar. De fato, os países do Mercado Comum Europeu destinam, em média, cerca de 1,5% do seu PNB à pesquisa/desenvolvimento, enquanto os Estados Unidos aplicam 3% do seu PNB neste terreno.

No entanto, em termos de resultados, encontramo-nos em situação extremamente desvantajosa e achamo-nos muitas vezes distanciados do progresso tecnológico que se verifica naqueles países.

Este aparente paradoxo parece originar-se da baixa rentabilidade da aplicação destes recursos no Brasil. Como a capacidade inventiva e a qualidade intelectual dos nossos técnicos e cientistas não pode em nada ser considerada inferior a de seus colegas europeus e norte-americanos, há que encontrar a explicação, seja na deficiente administração destes recursos, seja na sua inadequada distribuição.

As características principais da pesquisa/desenvolvimento nos países desenvolvidos são:

— A distribuição dos recursos se faz na proporção de 10 a 15% para a pesquisa pura, fundamental ou exploratória, e de 90 a 85% para a pesquisa diretamente aplicada na economia ou para o bem-estar da coletividade.

— A concentração, tanto ao nível dos recursos para pesquisa industrial, como ao nível de sua execução, em determinados setores industriais de "ponta", e em campos preferenciais de investigação.

— A contribuição preponderante do Estado no financiamento da pesquisa tecnológica e a participação majoritária da indústria na sua execução.

Tudo indica que estas características sejam as principais responsáveis pelo elevado rendimento dos investimentos em pesquisa/desenvolvimento tanto nos Estados Unidos como na Europa.

No Brasil a dispersão de esforços e correspondente diluição dos recursos destinados à pesquisa em geral, a falta de continuidade do apoio governamental aos projetos de pesquisa iniciados e muitas vezes interrompidos, a meio caminho, por modificações na orientação dos órgãos responsáveis pela concessão de verbas e recursos, a falta de apoio às atividades de pesquisa e o freqüente e evidente desprestígio de pesquisadores, cientistas e homens de ciência em geral, constituíam características opostas às que ocorrem nos países avançados. *Se a atual política de desenvolvimento científico e tecnológico ditada pelo Governo Federal procura concentrar recursos em áreas prioritárias e em centros de excelências, prestigiar a atividade de pesquisa, e pelo menos em princípio, os próprios pesquisadores e cientistas, esta política é relativamente recente, e não pode ainda surtir os efeitos esperados; sua aplicação prática ainda é incipiente para dar todos os seus frutos.*

A identificação dessas exigências, contudo, já constitui o primeiro passo no caminho a trilhar para superação dessas deficiências.

No que se refere à distribuição dos recursos entre pesquisa pura e pesquisa aplicada e seu desenvolvimento é preciso proceder com prudência.

Embora não haja cifras oficiais que permitam avaliar a proporção dos recursos gastos em pesquisa científica e tecnológica, estima-se que 80% desses recursos destinam-se à primeira e apenas 20% à pesquisa aplicada, ou seja, situação inversa da que se verifica nos países avançados.

Torna-se necessário frisar que não afirmamos, em absoluto, que devamos imitar, neste particular, as características dos países mais evoluídos; haveria razões objetivas para não se proceder desta forma.

De fato é natural que tenhamos iniciado por desenvolver a pesquisa científica pura, pois esta não depende do estágio de industrialização em que nos encontramos.

A investigação científica no Brasil encontrou no meio universitário, graças ao esforço concentrado e à dedicação exemplar de alguns poucos, mas extraordinários, homens de ciência, um desenvolvimento espantoso, face às condições adversas existentes. Testemunho do desenvolvimento da pesquisa pura no Brasil é a fecunda produção científica e a importante contribuição brasileira nos diferentes campos da Física moderna — radiação cósmica, Física Atômica e Nuclear, Física do estado sólido — e no terreno da Astronomia, da Biofísica e das Ciências Bioquímicas e Biométricas e em tantos outros setores de atividade científica.

A pesquisa pura, sendo um desafio intelectual, atrai muitos dos melhores estudantes, que se congregam em torno de um cientista competente adquirindo, com este, o hábito do raciocínio e do método científico. Por essa via, quando se atinge uma determinada "massa crítica", digamos assim, de pessoal ativo em pesquisa pura, há grande probabilidade de que seja atraída, para as atividades de suporte tecnológico para a indústria, uma quantidade adequada de "cérebros" altamente qualificados e capazes de contribuir, efetivamente, para o desenvolvimento de nossa indústria. Isso porque, como sabemos, o raciocínio e os métodos de investigação são os mesmos, tanto em pesquisa pura como em pesquisa aplicada à indústria.

Entretanto se existem no Brasil as condições necessárias à evolução científica e ao progresso tecnológico, o processo de evolução acha-se interrompido numa de suas fases essenciais que é o desenvolvimento da pesquisa aplicada, em virtude do próprio estágio de evolução econômica e de industrialização em que nos encontramos.

Assim sendo, torna-se necessário estimular a atividade de pesquisa tecnológica, isto é, fertilizar artificialmente o processo interrompido, de evolução científica e tecnológica, em uma de suas fases essenciais:

a pesquisa aplicada orientada sobretudo para as atividades industriais e para o bem-estar da coletividade.

Para estimular tal atividade de pesquisa tecnológica, o Governo dispõe dos instrumentos fornecidos pelo planejamento e pela programação financeira. Planejar e financiar atividades científicas e tecnológicas significa, essencialmente, decidir quanto aos recursos humanos do país, no que toca o pessoal científico e os técnicos de nível médio, distribuindo corretamente esse pessoal para os campos da pesquisa pura, da pesquisa tecnológica e do desenvolvimento.

Se essa distribuição não for adequada às reais necessidades da economia e da sociedade, haverá um grave desperdício de recursos humanos e financeiros. Seria antieconômico, para um país escasso de recursos para reinvestimento em Ciência e Tecnologia, como é o nosso, a existência de um grande número de cientistas engajados em pesquisa pura, se não houver possibilidade de dar seqüência ou aproveitar os resultados laterais dessa pesquisa nos institutos e laboratórios de pesquisa tecnológica e nas atividades de desenvolvimento, que, em última análise, convertem os resultados da pesquisa em bens econômicos.

Para planejar e programar realisticamente as atividades de Ciência e Tecnologia no Brasil, proponho que:

1º — mantenham-se, aos níveis relativos atuais, os esforços nos campos da pesquisa e da investigação científica pura, os quais devem ter lugar exclusivamente, no âmbito das Universidades. A esse propósito, concordo com o que disse aqui o Carlos Costa Ribeiro: a Ciência e a pesquisa pura não podem ser orientadas ou dirigidas; o cientista deve poder escolher livremente, segundo sua curiosidade pessoal, os caminhos de especulação e de investigação a serem trilhados. A própria natureza humana do cientista fará com que os caminhos escolhidos acabem por levar a resultados de interesse para a sociedade.

2º — concentrem-se recursos, a níveis relativos crescentes, nos campos da pesquisa tecnológica voltada para aplicação industrial, nela empreendidos os esforços de *aplicação racional de Tecnologia*, de *transferên-*

cia de Tecnologia, de *absorção e fixação da assistência técnica estrangeira e internacional*, de *adaptação da tecnologia às condições nacionais* e, finalmente, de *aplicação de tecnologia ao bem-estar social e à valorização do homem*, o que compreende a preservação de boas condições ambientais, sobretudo nas zonas urbanas. É necessário evitar que as grandes cidades brasileiras fiquem irreversivelmente enfermas, como, por exemplo, Los Angeles ou Tóquio.

Falemos, agora, das entidades e organizações responsáveis pela atribuição de meios para o desenvolvimento da Ciência e da Tecnologia no Brasil. Detenhamo-nos, no âmbito federal, apenas no Conselho Nacional de Pesquisas — CNPq e naquelas que integram o sistema financeiro para Ciência e Tecnologia e, no âmbito estadual, na Fundação de Amparo à Pesquisa do Estado de São Paulo — FAPESP.

O sistema financeiro para Ciência e Tecnologia destina-se a complementar os recursos orçamentários normais de órgãos como a Comissão Nacional de Energia Nuclear — CNEN; o Centro Técnico Aeroespacial — CTA; os Institutos de Tecnologia, etc., podendo, ainda, conceder apoio para iniciativas do setor privado, tudo de acordo com um Plano Básico de Desenvolvimento Científico e Tecnológico.

Tal sistema financeiro tem como núcleo os seguintes órgãos: Fundo Nacional de Desenvolvimento Científico e Tecnológico — FNDCT; Fundo de Desenvolvimento Técnico e Científico — FUNTEC, do BNDE; Fundo de Amparo à Tecnologia — FUNAT, do Instituto Nacional de Tecnologia e o Fundo de Metrologia — FUMET, do Instituto Nacional de Pesos e Medidas.

CONSELHO NACIONAL DE PESQUISAS — CNPq

O CNPq, órgão diretamente subordinado à Presidência da República, é dotado, sob o ponto de vista legal, de personalidade jurídica própria, que lhe confere autonomia técnico-científica, administrativa e financeira.

As principais atribuições do CNPq são:

— formular a política científica e tecnológica nacional e executá-la com bases em programas planejados para curto e longo prazos.

— coordenar, com os Ministérios e demais órgãos do Governo, a solução de problemas atinentes à Ciência e suas aplicações.

— incentivar as pesquisas tecnológicas, voltadas para o aproveitamento das riquezas naturais do país, dando prioridade àquelas que mais diretamente possam contribuir para o desenvolvimento econômico e social.

— *promover e estimular a realização de atividades científicas e tecnológicas em instituições oficiais ou particulares, concedendo-lhes recursos financeiros sob a forma de auxílios especiais.*

O CNPq é dirigido por um Presidente e por um Conselho Deliberativo e conta com os seguintes órgãos de apoio: Procuradoria, Departamento Técnico-Científico e Departamento de Administração.

A Academia Brasileira de Ciências é órgão consultivo do Conselho Nacional de Pesquisas.

Para o desempenho de suas atribuições, o CNPq pode entrar em entendimento direto com as autoridades federais, estaduais e municipais, assim como com empresas privadas.

Sua atuação concentra-se nos seguintes setores: Agricultura; Biologia e Ciências Médicas; Ciências Sociais; Ciências da Terra; Física e Astronomia; Matemática; Química; Tecnologia e Veterinária, compreendendo, portanto, todas as áreas diretamente relacionadas ao desenvolvimento econômico e social.

A atuação do CNPq se exerce mediante a concessão de bolsas e auxílios.

As bolsas são concedidas no país ou no exterior, para as seguintes categorias:

— iniciação científica;
— aperfeiçoamento;
— pós-graduação;
— pesquisa (pesquisador-assistente, pesquisador, chefe de pesquisas, pesquisador-conferencista).

Os auxílios são concedidos para as seguintes finalidades:

— aquisição de material de pesquisa científica permanente ou de consumo, bem como instalação e montagem de equipamentos.

— contrato de serviços técnicos especializados indispensáveis à execução de projetos de pesquisa aprovados.

— aquisição de documentação científica e técnica.

— contrato de pesquisadores nacionais ou estrangeiros, em casos não previstos para a concessão de bolsas.

— congressos, missões, reuniões científicas.

— edição de publicações.

Os recursos financeiros destinados ao CNPq são, basicamente, do orçamento da União e do Fundo Nacional de Desenvolvimento Científico e Tecnológico — FNDCT.

FUNDO NACIONAL DE DESENVOLVIMENTO CIENTÍFICO E TECNOLÓGICO — FNDCT

Criado pelo Decreto-lei nº 719, de 31/7/1969, tem o FNDCT a finalidade de dar apoio financeiro aos programas e projetos prioritários de desenvolvimento científico e tecnológico, dando ênfase à implantação do Plano Básico de Desenvolvimento Científico e Tecnológico.

A assistência financeira do FNDCT é prestada, preferencialmente, através de repasses a outros fundos e entidades incumbidas de sua aplicação, podendo destinar-se a despesas de custeio ou de capital.

Pelo Decreto nº 68.748, de 15/6/1971, a Financiadora de Estudos de Projetos — FINEP, órgão do Ministério do Planejamento que tinha, até então, o objetivo de financiar estudos de projetos, passou a constituir a Secretaria-Executiva do FNDCT, ampliando suas funções que agora compreendem, também, o financiamento, a fundo perdido, de estudos e projetos voltados para o desenvolvimento científico e tecnológico.

Uma parcela dos recursos do FNDCT no exercício de 1971 foi aplicada como parte da contrapartida nacional para um financiamento de US$ 40 000 000,00 do Banco Interamericano de Desenvolvimento, destinado, em última análise, a aumentar a capacidade brasileira de resolução de problemas tecnológicos de nossa indústria.

O restante dos recursos do FNDCT destinar-se-á a projetos de diversas Universidades, bem como da Diretoria de Comunicações e Eletrônica da Marinha e da CAPES.

As normas de operação do FNDCT calcam-se nas do FUNTEC, do BNDE, inclusive no tocante ao repasse do empréstimo do BID.

Cumpre acrescentar que a FINEP continua, com seus recursos próprios, a financiar estudos de projetos voltados para a pesquisa tecnológica; nesse caso, porém, não há aplicações a fundo perdido, devendo o beneficiário, portanto, ter capacidade financeira de retorno. Estão em estudos projetos de associação ou *joint-venture,* com a participação da FINEP no eventual sucesso do projeto de pesquisa. Os projetos de exploração de recursos minerais (prospecção e lavra) não são contemplados pelo FNDCT nem pela FINEP. Atuando nessa área existe a Companhia de Pesquisas de Recursos Minerais, CPRM, do Ministério de Minas e Energia, que mantém um convênio operativo com o BNDE.

FUNDO DE DESENVOLVIMENTO TÉCNICO- -CIENTÍFICO — FUNTEC

O FUNTEC é fundo ligado ao Departamento de Operações Espaciais do Banco Nacional de Desenvolvimento Econômico, que conta com recursos provenientes do próprio orçamento do BNDE, até o percentual de 5%, e do FNDCT.

Merecem apoio financeiro do FUNTEC os projetos específicos aprovados por seu núcleo técnico, que, para isso, procedem a uma avaliação técnica, exame da capacidade de pesquisa (potencial ou real). Tais projetos devem, naturalmente, se enquadrar nos objetivos globais do Plano Básico de Desenvolvimento Científico e Tecnológico. As principais áreas beneficiárias do FUNTEC são as da pós-graduação formal, que leva à obtenção de títulos de Mestre ou Doutor, e da pesquisa nos campos das Ciências Exatas e Naturais, além de Engenharia e Tecnologia. Nos projetos de pós-graduação, o FUNTEC pode contemplar, também, as Ciências Sociais e Econômicas.

Os projetos ou programas aprovados no núcleo técnico do FUNTEC vão à deliberação final do Presidente do BNDE, ou da Diretoria ou, ainda, do Conselho de Administração do Banco, segundo o montante do apoio solicitado.

FUNDO DE AMPARO À TECNOLOGIA — FUNAT

É um fundo contábil destinado a prover recursos para a manutenção e desenvolvimento dos serviços do Instituto Nacional de Tecnologia — INT, órgão subordinado ao Ministério da Indústria e do Comércio.

A receita do FUNAT origina-se, basicamente, da renda proveniente dos serviços prestados pelo INT e de contribuições de outros fundos, como o FNDCT, que, em 1971, contribuiu com Cr$ 1 400 000,00. Podem, ainda, constituir receita do FUNAT, dotações especiais consignadas no orçamento do Ministério da Indústria e do Comércio.

Os recursos do FUNAT são aplicados com base em estudos e deliberações de uma junta administrativa composta por dois representantes do INT e um do Ministério do Planejamento e Coordenação Geral. Tal junta é presidida por um de seus membros, designado pelo Diretor Geral do Instituto Nacional de Tecnologia.

FUNDO DE METROLOGIA — FUMET

O FUMET é um fundo contábil destinado a prover, supletivamente, os recursos para o financiamento de projetos, pesquisas, estudos e programas de interesse para o desenvolvimento do Sistema Nacional de Metrologia.

Constitui receita do FUMET: créditos orçamentários especiais; renda dos serviços prestados pelo Instituto Nacional de Pesos e Medidas; 10% da renda dos serviços prestados pelos órgãos delegados do INPM; contribuições de outros fundos, etc.

Os recursos do FUMET são aplicados de acordo com estudos e deliberações de uma Junta Administrativa, presidida pelo Diretor Geral do INPM e integrada por um Diretor de Divisão desse órgão e, ainda, por um representante dos órgãos delegados estaduais e um representante do Ministério do Planejamento e Coordenação Geral.

Os recursos do FUMET são utilizados para:

— aquisição de equipamentos e instalações;

— implantação, ampliação ou modernização de serviços de manutenção da metrologia;

— atendimento, através de auxílios ou contribuições, de despesas relacionadas com a metrologia, segundo programas elaborados pela Junta Administrativa.

No exercício de 1971/72 estão sendo aplicados pelo FUMET recursos da ordem de Cr$ 2 600 000,00 em projetos que vão desde a aferição de medidores watt-hora, até a implantação de serviços metrológicos na região Amazônica.

Os principais objetivos do FUMET, nos próximos anos, serão: a implantação de uma rede metrológica nacional e o apoio à ABNT no estabelecimento de normas e padrões consistentes, para uso da indústria brasileira.

FUNDAÇÃO DE AMPARO À PESQUISA DO ESTADO DE SÃO PAULO — FAPESP

A FAPESP é uma fundação vinculada à Secretaria de Educação do Estado, que tem por objetivo:

— custear, total ou parcialmente, projetos de pesquisas individuais ou institucionais, oficiais ou privados, julgados relevantes para o desenvolvimento da Ciência e da Tecnologia no Estado e no país.

— custear, parcialmente, a instalação de novas unidades de pesquisa, oficiais ou privadas.

Para a realização de seus objetivos, a FAPESP fiscaliza a aplicação dos auxílios fornecidos, podendo suspendê-los em casos de inobservância dos roteiros de trabalho aprovados.

A FAPESP aplica seus recursos sob a forma de auxílio e bolsas, para terceiros, e de iniciativas, da própria Fundação.

A FAPESP é dirigida pelos seguintes órgãos:

— Conselho Superior, com doze membros, com mandato de seis anos cada, função não-remunerada. Os membros deste Conselho são escolhidos da seguinte forma:

a) seis membros são escolhidos livremente pelo Governo do Estado;

b) três membros são escolhidos pelo Governo do Estado dentre listas tríplices apresentadas pela Universidade de São Paulo; e

c) três membros são escolhidos pelo Governo do Estado dentre listas tríplices apresentadas pelos demais Institutos de Pesquisas e de Ensino Superior, oficiais ou particulares, em funcionamento no Estado de São Paulo.

— Conselho Técnico Administrativo, composto de um Presidente, um Diretor Científico, e de um Diretor Administrativo, todos escolhidos pelo Governo do Estado dentre listas tríplices elaboradas pelo Conselho Superior da Fundação. O mandato deste Conselho Técnico-Administrativo é de até três anos.

— Assessoria Científica, dirigida pelo Diretor Científico é constituída de especialistas de reconhecido valor, e contratada pelo Conselho Técnico-Administrativo. Na Assessoria Científica está sempre representada toda a gama do Saber. Os assessores não têm relações empregatícias para com esta Fundação; percebem, simbolicamente, pelos pareceres que emitem a pedido do Diretor Científico.

A FAPESP, dispondo de um corpo de servidores muito reduzido, atendeu, desde o início de suas atividades até 31 de dezembro de 1970, 5 870 pedidos no valor de Cr$ 39 585 507,28, sendo 2 740 pedidos de auxílios na importância de Cr$ 22 026 861,77, e 3 130 bolsas que totalizaram a quantia de Cr$ 17 558 645,28.

No ano de 1971 programou-se a quantia de Cr$ 21 170 817,00, representando 53,48% do total aplicado nos nove anos pretéritos. Este fato vem demonstrar o ritmo das atividades do órgão que se firma, cada vez mais, como agente acelerador do desenvolvimento das pesquisas científicas e tecnológicas no Estado de São Paulo.

A despeito de todo este esforço, a FAPESP conseguiu manter seu custeio administrativo dentro do índice de 3,69% (média 1962-1970), quando o limite permitido é de 5% do orçamento da Fundação.

Acrescente-se, ainda, que, nessa entidade, existe uma preocupação constante de expandir as receitas próprias, não somente com o objetivo de reforçar a dotação constitucional a que a FAPESP tem direito, como, também, o de atender ao disposto em sua legislação, isto é, "A Fundação deverá aplicar recursos na formação de um patrimônio rentável". De fato, as receitas patrimoniais da Fundação, em 1970, foram 51,34% maiores do que as de 1969; tais rendas, no seu cômputo total (desde o início até 31 de dezembro de 1970) já representam 23,65%, índice este bastante significativo.

Por todas estas razões, pode-se conceituar a Fundação como sendo um órgão estruturado racionalmente, em moldes empresariais, munido dos instrumentos necessários para cumprir suas responsabilidades.

A FAPESP articula-se harmoniosamente com as entidades de ensino superior, institutos de pesquisa e empresas industriais e agrícolas, sem que surjam, de parte a parte, subordinações ou pressões de espécie alguma.

Dentro desta total independência, a FAPESP recebe projetos formulados por pesquisadores ligados a tais Institutos de Pesquisas, para cujo desenvolvimento necessitam de suporte financeiro. Os projetos são registrados de acordo com os setores a que pertencem, a saber: Agronomia, Arquitetura, Astronomia, Biologia,

Economia, Física, Geografia, Geologia, História, Humanas e Sociais, Matemática, Médica, Professores Estrangeiros, Psicologia, Publicações, Química, Simpósios e, finalmente, Tecnológicas e Industriais.

A Fundação não pré-fixa o montante de gasto atribuído a cada um dos Setores acima discriminados pois, para tal fim, teria necessidade de conhecer antecipadamente os campos prioritários. Ora, as prioridades setoriais ainda dependem de exaustivos estudos que estão sendo levados a efeito por pesquisadores especializados, sob o patrocínio da própria entidade. Desta forma, somente depois de conhecidos os resultados desses estudos é que se poderia estabelecer mensurações diversificadas para cada campo.

Independentemente, pois, dos resultados desses estudos, que podem demandar muito tempo, a Fundação resolveu articular-se com a Secretaria da Agricultura e com o Governo Federal, assinando um Convênio através do qual dinamizar-se-ão as pesquisas agropecuárias e dos recursos naturais, visando o aumento das respectivas produtividades. O Convênio será desenvolvido em três anos e seu custo total alcançará a quantia de Cr$ 40 000 000,00, cabendo a metade desta importância ao Governo Federal. Trata-se, como se pode verificar, de uma tomada de posição realista, muito importante, pois, mesmo sem definições acadêmicas, sempre contestadas, quanto às áreas chamadas prioritárias, os órgãos de responsabilidade no desenvolvimento do país antecipam-se e decidem estimular, com projetos objetivos, um dos setores básicos da nossa economia. Os resultados, benéficos, far-se-ão sentir principalmente no campo social e econômico rural do Estado de São Paulo.

Ainda dentro desta mesma perspectiva, de incentivo a setores reconhecidamente vitais para o desenvolvimento do Estado, o Conselho Estadual de Tecnologia, da Secretaria de Economia e Planejamento e a FAPESP, firmarão um Convênio de Cooperação e Intercâmbio, através do qual serão oferecidas à Fundação, em caráter permanente, sem prejuízo da sua autonomia, as diretrizes da política do Governo do Estado, traçada em consonância com os planos estabelecidos pelo Governo Federal. Dito Convênio estabelece, entre outras coisas, que o Conselho Estadual de Tecnologia se compromete a canalizar à FAPESP todos os projetos de pesquisas que requeiram recursos financeiros para sua execução.

Creio ser esta uma iniciativa importantíssima do Governo do Estado de São Paulo, que visa estimular uma área do mais alto interesse da produção industrial, com desdobramentos de caráter econômico e social.

Conclusões e Recomendações

O exame das características operacionais das diferentes entidades e organizações responsáveis pela atribuição de meios para o desenvolvimento da Ciência e Tecnologia no Brasil mostra que:

— Há pouco entrosamento entre as programações e orçamentos-programas dos diversos órgãos. Constata-se, freqüentemente, a duplicação de atividades, e a conseqüente pulverização de recursos.

— Não há uma política de investimentos em pesquisa/desenvolvimento coerente com as necessidades reais de nossa economia e de nossa sociedade.

— Os pesquisadores não são suficientemente estimulados em termos salariais e, geralmente não encontram o incentivo subjetivo que um projeto importante dá ao técnico.

— Com raras e honrosas exceções, as decisões sobre a aplicação de recursos em pesquisa/desenvolvimento são tomadas por funcionários burocráticos, com treinamento de economistas e prática de trabalho em bancos de desenvolvimento econômico, porém sem uma visão clara dos reais problemas científicos e tecnológicos básicos para o desenvolvimento de nossa indústria, de nossa agricultura e insensíveis aos problemas que afligem a nossa sociedade, sobretudo nos meios urbanos.

A Ciência, a Tecnologia, a indústria, e a sociedade, em seu espantoso desenvolvimento das últimas décadas, tornaram-se firmemente interdependentes.

O grande alvo de uma política tecnológica deve ser acelerar o desenvolvimento econômico e criar padrões de subsistência para as populações, compatíveis com a condição humana.

Claro está que o governo deve pensar no estabelecimento de um mecanismo centralizado de coordenação, que se responsabilize pela dosagem dos investimentos em pesquisa/desenvolvimento, tanto de âmbito federal, como estadual e municipal. Não é possível, face aos escassos recursos que nossa economia é capaz de gerar para reaplicação em pesquisa/desenvolvimento, que o FUNTEC ou o FNDCT, por exemplo, atuem descoordenadamente com a FAPESP.

O mecanismo centralizado de coordenação seria um Ministério de Ciência e Tecnologia a ser criado?
— Por enquanto, creio que não. Acho, apenas, que o CNPq deveria ter uma ascendência maior sobre os organismos responsáveis pela atribuição de meios, e exercer uma coordenação que abrangesse, inclusive, órgãos estaduais e empresas de economia mista, a fim de se evitarem as duplicações de esforços e pulverizações de recursos. Posteriormente, com base na experiência adquirida, poder-se-ia pensar na transformação do CNPq, em Ministério de Ciência e Tecnologia.

No exercício da atividade de coordenação dos investimentos federais, estaduais, municipais e, mesmo, privados, em pesquisa/desenvolvimento, é necessário, para fins de planejamento, que se subdivida a pesquisa/desenvolvimento em três componentes principais:

— pesquisa pura, básica ou fundamental

— pesquisa aplicada

— desenvolvimento

Tenho consciência de que essa divisão é, apenas, teórica; é muito difícil distinguir as três categorias. O que há, na realidade, é a Ciência, de um lado, e suas aplicações, de outro. Mas quem seria capaz de traçar uma linha divisória bem nítida entre a Ciência e suas aplicações?

Voltemos às três componentes principais da pesquisa/desenvolvimento. Como são muito pouco conhecidas as interligações entre elas, fixemo-nos sobre séries estatísticas norte-americanas, que se estendem por períodos suficientemente longos para nos permitirem ilações. Analisemos a seguinte tabela:

Gastos em pesquisa/desenvolvimento, efetivados pela Indústria norte-americana, entre 1957 e 1965*

Ano	Milhões de dólares			
	pesquisa pura	pesquisa aplicada	desenvolvimento	Total
1957	271	1 670	5 790	7 731
1958	305	1 911	6 173	8 389
1959	332	1 991	7 295	9 618
1960	388	2 029	8 092	10 509
1961	407	1 977	8 525	10 908
1962	500	2 449	8 515	11 464
1963	535	2 457	9 638	12 630
1964	582	2 608	10 163	13 353
1965	607	2 673	10 918	14 197
Despesa média	436	2 196	8 345	10 977
Distribuição percentual dos fundos	4%	20%	76%	100%

(*) Fonte: "Basic research, applied research and development in industry". Relatórios anuais da National Science Foundation, Washington DC, USA (Surveys of science resources series).

Vemos que 4% dos recursos foram aplicados em pesquisa pura, 20% em pesquisa aplicada e 76% em desenvolvimento de novos produtos e processos. Temos, então, a relação 1:5:19, que significa que para cada dólar gasto em pesquisa pura, básica ou fundamental foram gastos 5 dólares em pesquisa aplicada e dezenove dólares em desenvolvimento.

Naturalmente, deve-se examinar esses números com cuidado, pois sabe-se que as atividades de pesquisa/desenvolvimento na indústria são, normalmente, complementadas e apoiadas em outros setores, em particular nas universidades e em instituições sem fins lucrativos.

Se incluirmos todas as atividades de pesquisa/desenvolvimento nos Estados Unidos, veremos que 9% dos gastos totais foram destinados à pesquisa pura; 21% à pesquisa aplicada e 70% em desenvolvimento, o que corresponde a uma relação de 1:2:7.

Se dos totais, excluirmos as despesas do Governo, em projetos de pesquisa/desenvolvimento executados pela indústria, e considerarmos apenas os investimentos privados, encontraremos as seguintes participações percentuais: pesquisa pura, 7%; pesquisa aplicada, 29% e desenvolvimento, 64% o que equivale a uma relação de 1:4:9 (dados de 1962).

De tudo isso, podemos concluir:

1. A pesquisa pura ou básica deflagra, ou dá origem à pesquisa aplicada; cada cruzeiro gasto em pesquisa pura é suficiente para justificar a aplicação de vários cruzeiros em pesquisa aplicada.

2. As atividades de desenvolvimento, que em última análise, levam para a fábrica e para a produção, os resultados da pesquisa, custam muito mais caro do que a própria pesquisa aplicada que deu origem ao produto ou processo desenvolvido.

É absolutamente necessário que os organismos e entidades responsáveis pela atribuição de meios para as atividades de Ciência e Tecnologia tenham em mente as relações acima assinaladas, e que, coordenadamente, definam as relações ótimas a serem adotadas em nosso país.

É certo que não depende apenas do Governo a dosagem equilibrada dos investimentos em pesquisa/desenvolvimento, segundo as necessidades reais de nossa economia. As empresas industriais deverão, por seu lado, dar origem a uma demanda cada vez mais acentuada, por serviços de apoio tecnológico às suas atividades. É necessário que essas empresas empreguem e utilizem os engenheiros e técnicos de nível médio que as escolas preparam, pois, em última análise, são os engenheiros que geram a demanda por tecnologia, dentro de uma fábrica. Para isso, entretanto, as Universidades e Escolas Técnicas deverão formar engenheiros suficientemente qualificados e capazes de restituir aos empresários o valor de seus salários, em termos de aumento de produtividade, mediante a aplicação racional da tecnologia.

De qualquer forma, os organismos e entidades responsáveis pelo financiamento à Ciência e à Tecnologia deverão, coordenadamente, definir a dosagem adequada de investimentos nas diversas áreas da pesquisa/desenvolvimento e elaborar seus orçamentos-programas em harmonia com a dosagem definida.

Sem isso, os grandes investimentos que o Governo está destinando ao setor poderão resultar inócuos, ou de reduzida eficiência, para nossa economia e para o bem-estar de nossa sociedade.

POLÍTICA CIENTÍFICA: A EXPERIÊNCIA ITALIANA

Gostaria de fazer um breve apanhado da orientação da política científica na Itália. Até o momento pode-se dizer que, de acordo com o esquema aqui proposto, existe na Itália uma programação exploratória. Tanto o Conselho Nacional de Pesquisas (CNR) quanto alguns Ministérios, e ainda outros órgãos, prevêem em seus orçamentos certas somas dedicadas à pesquisa científica, segundo programas a ser desenvolvidos. Nos últimos anos, o CNR tem realizado, sob certo ponto de vista, uma planificação incitativa, ao programar objetivos precisos, como a Biologia Molecular, a poluição, os metais leves, além de outros temas de interesse geral, embora não se possa, até agora, falar ainda de um verdadeiro programa, a partir do exame dos resultados obtidos. Deve ser esclarecido que os resultados, de acordo com a legislação, são apresentados por todos os órgãos de pesquisa ao CNR. Este elabora um relatório anual correspondente, que é encaminhado ao organismo superior, o Comitê Interministerial de Programação Econômica (CIPE), que o leva em consideração na feitura do próximo orçamento do CNR. Este sistema dá uma total liberdade à pesquisa no âmbito universitário e do CNR.

Recentemente, o Ministro da Pesquisa Científica e Tecnológica, engenheiro C. Ripamonti, procurou realizar algo no sentido de associar mais estreitamente a pesquisa científica à produtividade nacional, já que a pesquisa das instituições privadas evoluía de acordo com planos que não mantinham relação com os planos gerais de pesquisa. Buscando informações para instituir uma metodologia e uma filosofia neste domínio, foi nomeada uma comissão de sete membros, integrada por três peritos da indústria, dois professores universitários, um diretor de instituto de pesquisas do Estado e um economista. Esta comissão procurou dar forma e objetivo à planificação da pesquisa científica em nível nacional.

A primeira questão foi a de que, sob certo ponto de vista, a pesquisa deveria ser rentável. Na verdade, é possível fazer uma divisão quanto à forma pela qual se encarou a pesquisa: consideraram-se a pesquisa fundamental e a aplicação dos resultados da pesquisa. A pesquisa fundamental foi dividida, por sua vez, em pesquisa livre e pesquisa orientada. A pesquisa livre é a que se desenvolve nos laboratórios de uma Universidade, ao passo que a pesquisa orientada é, por exemplo, a desenvolvida pelo Instituto Superior de Saúde, cujo objetivo é obter informações concernentes à saúde pública. A pesquisa livre pode ser considerada como rentável, por ser necessária à formação de pessoal, formação esta que constitui um investimento social extremamente importante. A pesquisa orientada se relaciona quase sempre com questões sociais, como os transportes, a saúde, a educação, e, asim sendo, é ainda

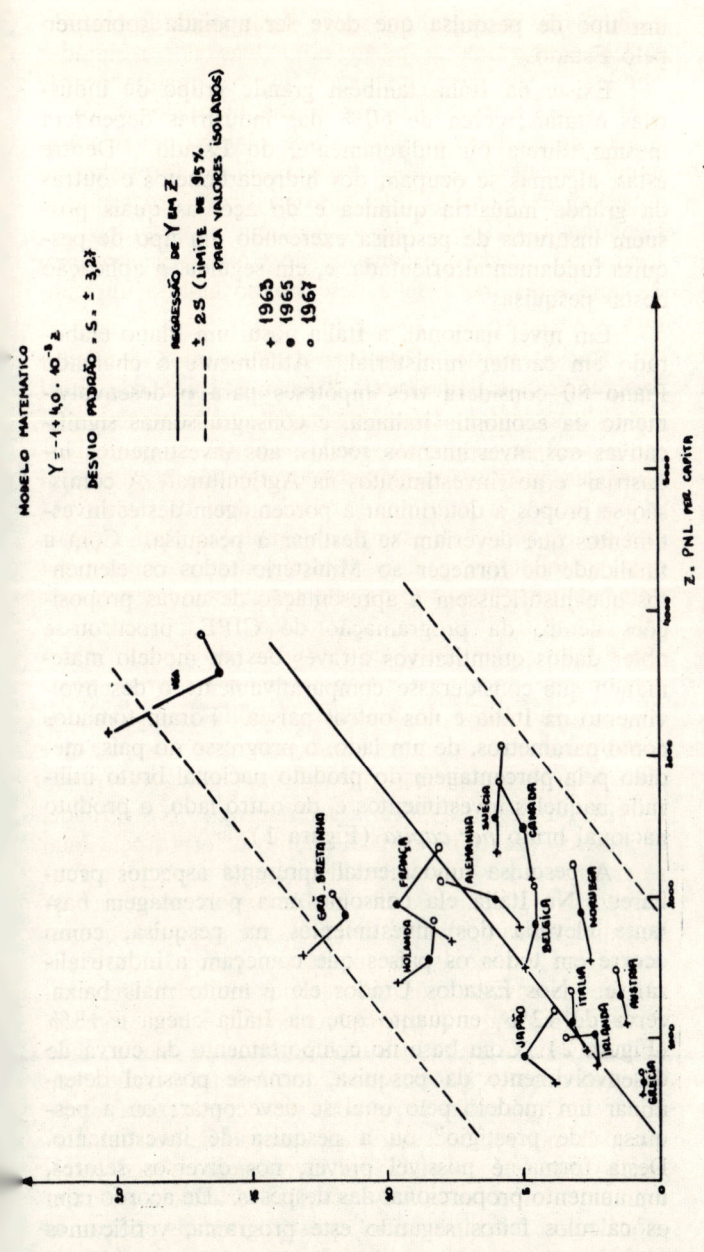

Fig. 1. Modelo matemático comparativo do desenvolvimento da pesquisa em diversos países

um tipo de pesquisa que deve ser apoiada sobretudo pelo Estado.

Existe na Itália também grande grupo de indústrias estatais; cerca de 60% das indústrias dependem mesmo, direta ou indiretamente, do Estado. Dentre estas, algumas se ocupam dos hidrocarbonetos e outras da grande indústria química e do aço, as quais possuem institutos de pesquisa exercendo um tipo de pesquisa fundamental orientada, e, em seguida, a aplicação destas pesquisas.

Em nível nacional, a Itália posui um Plano elaborado em caráter ministerial. Atualmente o chamado Plano 80 considera três hipóteses para o desenvolvimento da economia italiana, e consagra somas significativas aos investimentos sociais, aos investimentos industriais e aos investimentos na Agricultura. A comissão se propôs a determinar a porcentagem destes investimentos que deveriam se destinar à pesquisa. Com a finalidade de fornecer ao Ministério todos os elementos que justificassem a apresentação de novas proposições dentro da programação do CIPE, procurou-se obter dados quantitativos através de um modelo matemático que considerasse comparativamente o desenvolvimento na Itália e nos outros países. Foram tomados como parâmetros, de um lado, o progresso do país, medido pela porcentagem do produto nacional bruto utilizada naqueles investimentos e, de outro lado, o produto nacional bruto *per capita* (Figura 1).

A pesquisa fundamental apresenta aspectos peculiares. Na Itália ela consome uma porcentagem bastante elevada dos investimentos na pesquisa, como ocorre em todos os países que começam a industrializar-se. Nos Estados Unidos ela é muito mais baixa, cerca de 12%, enquanto que na Itália chega a 18% (Figura 2). Com base no comportamento da curva de desenvolvimento da pesquisa, torna-se possível determinar um modelo pelo qual se deve optar: ou a pesquisa "de prestígio" ou a pesquisa de investimento. Desta forma, é possível prever, nos diversos setores, um aumento proporcional das despesas. De acordo com os cálculos feitos segundo este programa, verificamos que deveríamos passar dos atuais quinhentos bilhões

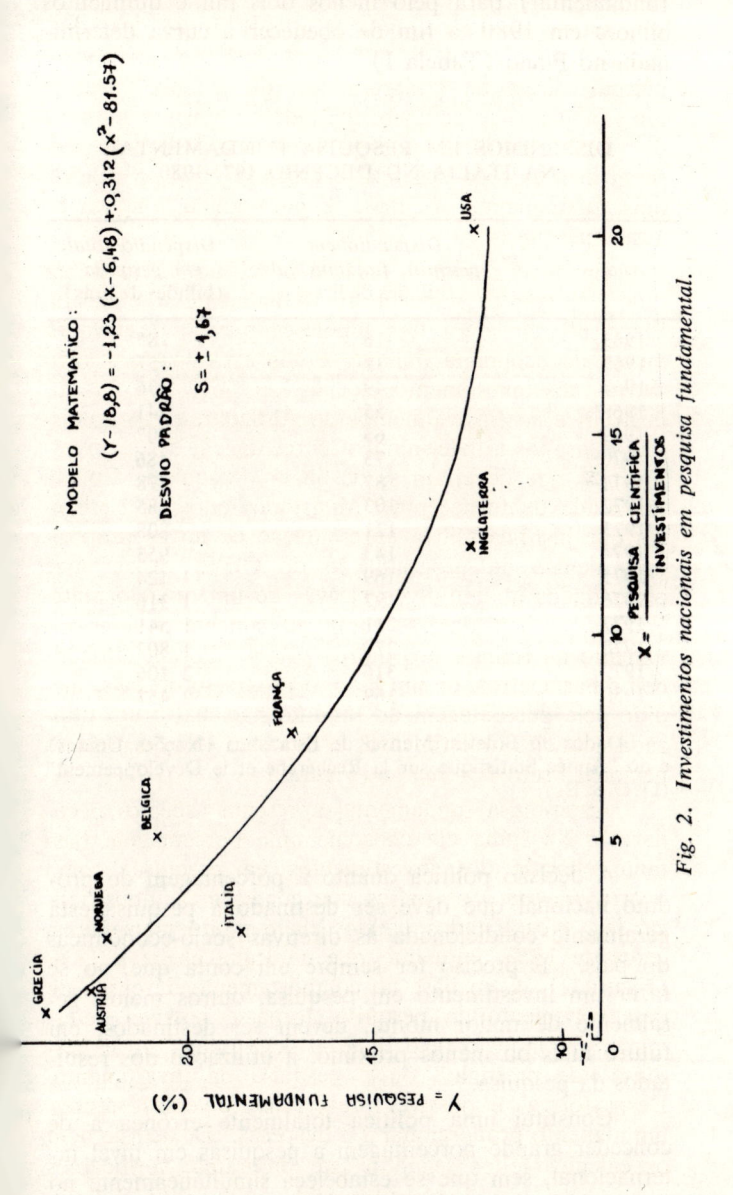

Fig. 2. Investimentos nacionais em pesquisa fundamental.

MODELO MATEMATICO:

$$(Y - 18,8) = -1,23(x - 6,48) + 0,312(x^2 - 81,5?)$$

DESVIO PADRÃO:

$$S = \pm 1,67$$

$Y = $ PESQUISA FUNDAMENTAL (%)

$X = \dfrac{\text{PESQUISA CIENTÍFICA}}{\text{INVESTIMENTOS}}$

de liras anuais (dos quais oitenta e sete para a pesquisa fundamental) para pelo menos dois mil e quinhentos bilhões em 1980, a fim de obedecer à curva determinada no Plano (Tabela I).

DISPÊNDIOS EM PESQUISA FUNDAMENTAL NA ITÁLIA NO DECÊNIO 1971-1980

Ano	Dispêndio em pesquisa fundamental (bilhões de liras)	Dispêndio total em pesquisa (bilhões de liras)
1963	16	85
1965	31	157
1967	49	296
1968	55	341
1969	63	407
1970	73	486
1971	87	578
1972	103	685
1973	121	808
1974	143	953
1975	169	1 124
1976	197	1 316
1977	231	1 541
1978	270	1 802
1979	316	2 106
1980	369	2 457

Dados do Boletim Mensal de Estatística (Nações Unidas) e do "Année Statistique sur la Recherche et le Développement" (O.C.S.E.).

A decisão política quanto à porcentagem do produto nacional que deve ser destinado à pesquisa está geralmente condicionada às diretivas sócio-econômicas do país. É preciso ter sempre em conta que, ao se fazer um investimento em pesquisa, outros meios, geralmente de maior monta, devem ser destinados, em futuro mais ou menos próximo, à utilização dos resultados da pesquisa.

Constitui uma política totalmente errônea a de conceder grande porcentagem a pesquisas em nível internacional, sem que se estabeleça simultaneamente no país o poder de utilização dos resultados obtidos. Os setores em que os resultados da pesquisa podem ser utilizados comercialmente devem ter como norma objetivos ainda não buscados ou atingidos por outros. Na verdade, é inútil fazer pesquisa deste tipo quando se pode utilizar, com despesas inferiores, os resultados alcançados em nível mundial. O que é necessário é que não se restrinja unicamente à compra de *know-how*, mas que se desenvolvam ao mesmo tempo pesquisadores capazes de aperfeiçoá-lo e desenvolver pesquisas originais. Este é um ponto muito importante e que se reflete atualmente, na Itália, na crise que enfrenta a indústria dos fertilizantes. Esta indústria, de tecnologia italiana, não progrediu nos últimos anos, e continuamos com os velhos métodos, quando já se fazem necessários métodos mais avançados. Em vários setores, especialmente no da produção química secundária, onde nossa posição está um pouco mais atrasada, ou nos serviços sociais, é necessário desenvolver uma atividade de pesquisa que procure não somente obter resultados originais, mas também formar pessoal e adaptar às condições do país os resultados obtidos. Tais resultados devem ser aplicados para desenvolver técnicas de produção ainda não disponíveis. Experiências deste tipo podem ser muito interessantes para o Brasil.

É opinião da comissão que todos os setores produtivos do país devem possuir uma atividade de pesquisa. Naturalmente, a intensidade desta pesquisa deve depender do interesse do setor, dos investimentos feitos ou programados em nível tecnológico e dos resultados já obtidos.

Os recursos são fornecidos em parte pelo Estado, e através da programação é possível sugerir à indústria o financiamento de certos setores, numa política de incentivos (*promotion*). Assim, por exemplo, o Estado mantém atualmente à disposição das indústrias, particularmente de mineração, quantias da ordem de 30 milhões de dólares, para a pesquisa em programas aprovados pelo CIPE. Por outro lado, os órgãos de pesquisa do Estado não podem ser igualmente produtivos. Ao lado de alguns com excelentes possibilidades, há outros burocratizados em excesso. Muitas dificuldades decorrem do tratamento administrativo dispensado a uma instituição de pesquisa, cuja realização de centenas de contratos e alguns milhares de compras diversas deve ser submetida ao Tribunal de Contas, para prévia aprovação. Aliás, a comissão se pronunciou a este respeito, reconhecendo que uma atividade de pesquisa não pode ser regida de forma idêntica à das atividades administrativas. Este ponto pode também ser de interesse para o Brasil, dadas as origens francesas comuns das nossas legislações administrativas. Na verdade, não é possível predeterminar, em pesquisa, as ações que se baseiam, não na repetição de situações, mas sim na validação de probabilidades de situações ainda não conhecidas. Nem mesmo uma completa autonomia é suficiente para organismos que pertencem e que devem submeter-se a problemas de organização e de controle do Estado. As exigências vêm justamente dos problemas de controle. O controle de legitimidade das ações realizadas para a pesquisa é contraditório e puramente formal: verifica-se a regularidade de um contrato, de acordo com as leis administrativas, sem considerar os resultados científicos deste contrato. Deve-se, portanto, considerar a adoção de uma nova forma de organização e administração, com controles mais inteligentes, que abordem o mérito, para que se obtenha uma crescente flexibilidade da atividade de pesquisa.

Os planos propostos não são revolucionários, mas evolucionários, visando à reorganização da pesquisa na Itália. Neste contexto, o responsável pelo domínio das atividades é o Ministro da Pesquisa Científica e Tecnológica, com um Secretário Geral que coordena as atividades, e com a assistência de uma comissão científica, social e econômica, e de dois outros órgãos: um encarregado da planificação e outro do exame dos resultados da pesquisa e sua transferência para a aplicação (figura 3).

Atualmente, a pesquisa na Itália apresenta a seguinte estrutura, que não pode ser alterada de imediato. Os Ministérios, especialmente os da Educação, Saúde, Agricultura, Comunicação e Indústria, e os Conselhos Nacionais de Pesquisas e de Energia Nuclear desenvolvem a pesquisa em seus domínios, segundo seus respectivos objetivos. Os Ministérios têm à sua disposi-

Ministro da Pesquisa
Científica e Tecnológica

Secretariado Geral

Comissão Científica
Social e Econômica

Comissão de Coordenação e

Planificação da Pesquisa

(associada aos Ministérios

da Fazenda e do Planejamento)

e

Comissão para exame e

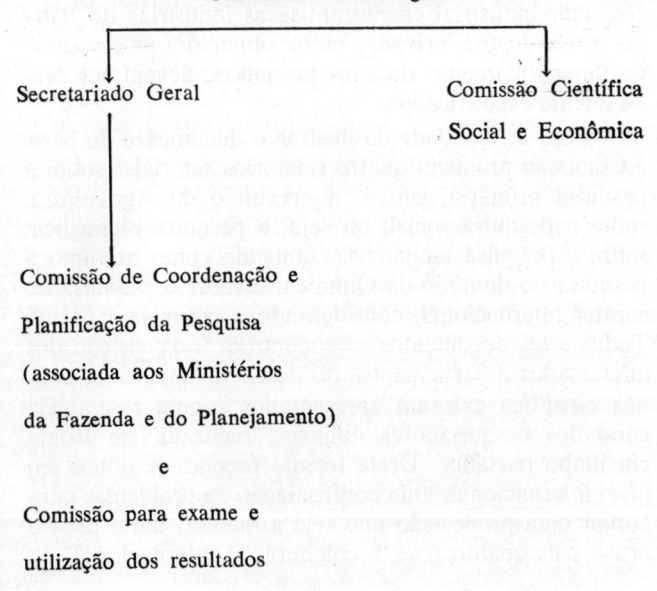

utilização dos resultados

Fig. 3

ção o Instituto de Saúde, os Institutos de Pesquisa em Agricultura, os Institutos de Pesquisa da Indústria, c Instituto de Telecomunicações, além dos laboratórios e institutos do Conselho Nacional de Pesquisas. Aliás, este Conselho fornece uma ajuda substancial às Universidades, sob a forma de contratos de pesquisa. Seria desejável que todos os auxílios à pesquisa nas Universidades fossem transferidos diretamente ao Ministério da Educação, reservando ao Conselho Nacional de Pesquisas a tarefa relativa à pesquisa fundamental de interesse nacional e internacional, e à pesquisa interdisciplinar. Por outro lado, o Conselho deve procurar auxiliar de forma substancial a pequena indústria, que enfrenta dificuldades para se desenvolver isoladamente. O Conselho de Energia Nuclear preside a pesquisa industrial no domínio de reatores, a pesquisa biológica no campo da proteção contra as radiações e a pesquisa sobre equipamentos, inclusive equipamento eletrônico. No setor industrial encontram-se as indústrias do Estado e a indústria privada, cujos objetivos, no processo de desenvolvimento de suas pesquisas, devem ser precisamente especificados.

Com a finalidade de ilustrar o documento de base, a Comissão produziu quatro relatórios setoriais: sobre a pesquisa primária, isto é, no domínio da Agricultura, sobre a pesquisa social, ou seja, a pesquisa biomédica, sobre a pesquisa secundária, tomando como exemplo a pesquisa no domínio da Química, e sobre a pesquisa de caráter internacional, considerando a pesquisa espacial. Todos estes documentos se encontram à disposição dos interessados e participantes do desenvolvimento da política científica e foram apresentados a uma assembléia geral dos pesquisadores italianos, realizada em Roma em junho passado. Desta forma, procura-se obter, em nível internacional, uma confrontação de problemas para atingir uma proposição que seja a melhor, tanto para o nosso país quanto para a colaboração internacional.

ESTRUTURAÇÃO DO ÓRGÃO RESPONSÁVEL

I. *Introdução*

O desenvolvimento econômico, como processo histórico que se caracteriza por modificações profundas e continuadas — embora não simétricas — nas estruturas sociais e econômicas de uma sociedade ou nação, não favorece, por esta mesma razão, uma única modalidade de interpretação ou descrição de validade universal, e, menos ainda, de quantificação.

Não obstante estar consciente dessas limitações, o economista, muita vez compelido a reduzir fenômeno tão completo e tão abrangente a categorias suscetíveis de tratamento pelos toscos instrumentos de análise de que dispõe, não hesita em conceituar desenvolvimento econômico como se correspondesse apenas a um aumento, por habitante, do volume de bens e serviços gerados numa dada economia nacional (ou regional) e ao longo de determinado espaço de tempo.. Em outras palavras, e segundo essa idéia simplificada do referido processo, desenvolvimento econômico seria igual ao incremento do produto (ou renda) real por habitante conseguido nos limites territoriais de uma nação.

Utilizando ainda o mesmo método simplificado, o economista atribuiu o incremento da renda ou do produto interno por habitante, à interação de dois fatores:

1º — a ampliação do estoque de capital da economia, ou seja, a expansão da sua capacidade física de produção de bens e serviços. Os investimentos realizados ao longo do tempo é que viabilizam tal ampliação do estoque de capital;

2º — a absorção ou apropriação do progresso tecnológico pelo sistema de produção — governo, agricultura, indústria, serviços.

A combinação dos dois fatores — investimentos e progresso tecnológico — é que propicia um crescimento da produção de bens e serviços em ritmo superior ao do incremento da população nacional. Conquanto se considere separadamente os dois fatores, para fins analíticos, na prática é difícil isolá-los; é que parte preponderante das inovações tecnológicas é introduzida no aparelho produtivo através dos investimentos, incorporados que estão aos bens de capital — equipamentos, máquinas, instrumentos etc.

O importante papel desempenhado pelo fator tecnológico esteve sempre presente nas preocupações dos economistas clássicos ou modernos que se têm dedicado ao estudo das causas e razões da riqueza das nações.

Coube, por certo, ao eminente economista austríaco J. A. Schumpeter a primazia de apresentar de maneira precisa as relações de interdependência entre desenvolvimento econômico e inovações. Em sua clássica *Teoria do Desenvolvimento Econômico,* cuja primeira edição data de 1911, o Professor Schumpeter ao discutir o "fenômeno fundamental" de tal processo, identifica-o com o emprego de formas novas de combinações de materiais e de fatores de produção ao alcance de uma economia nacional, com o propósito de produzir outros bens, ou os mesmos, por processos diferentes, inovações essas que ocorrem, porém, de modo descontínuo.

Neste conceito de *novas combinações* do Prof. Schumpeter estão compreendidos cinco casos, que, combinadamente ou não, respondem pela ocorrência do desenvolvimento econômico:

1º — a introdução de um novo bem — isto é, um produto (ou serviço) ainda não familiar aos consumidores — ou de uma nova qualidade de um bem já conhecido;

2º — a introdução de um novo método de produção, ou seja, um não provado pela prática no ramo industrial de que se trata, o qual não precisa contudo apoiar-se em descobrimento novo do ponto de vista científico, e pode consistir simplesmente em forma nova de manejar comercialmente uma mercadoria;

3º — a abertura de um novo mercado, isto é, um mercado no qual ainda não tenha penetrado o ramo industrial do país de que se trata, apesar da existência anterior do mercado;

4º — a conquista de nova fonte de suprimento de matérias-primas ou de bens manufaturados;

5º — a criação de uma nova forma de organização de qualquer indústria, criando uma situação de monopólio ou então a anulação de situação de monopólio preexistente.

Se bem que vazada em linguagem diferente, aparentemente mais ampla que a atualmente em voga, as categorias propostas pelo Prof. Schumpeter, e que caracterizariam as inovações nas combinações de materiais e de fatores de produção disponíveis como o elemento básico do desenvolvimento econômico, configurariam, em essência, o que hoje se contém na expressão anglo-saxônica de larga difusão: RESEARCH & DEVELOPMENT. Neste conceito inclui-se desde a investigação orientada por objetivo razoavelmente definido, até o teste final do exame de mercado e formas de comercialização (MARKETING), passando pela *engenharia de processo, de produto, de fabricação*. Desse complexo de atividades resulta a criação de novos produtos, a modificação qualitativa de produtos preexistentes, a inovação em processos e métodos de produção, o aproveitamento de novas matérias-primas, a incorporação de novos consumidores, a criação, ainda que transitória, de posições monopolísticas ou a sua destruição.

Cuidou ainda o Prof. Schumpeter, ao lado da catalogação das formas diferentes que assumiriam as inovações causadoras do desenvolvimento, de identificar o agente responsável por sua introdução no processo produtivo. Este agente seria o *empresário,* indivíduo dotado da intuição, da capacidade e do arrojo necessários à identificação de oportunidades de modificar formas tradicionais de combinação de fatores e à realização concreta, arrostando os riscos maiores de tal cometimento, mais que compensador, entretanto pelos maiores lucros gerados pelo êxito da inovação. O sucesso do empresário inovador (e seus ganhos mais altos) provocariam ondas de imitadores, cujos investimentos provocariam uma ampliação do estoque de capital da economia em simultânea elevação da sua qualidade, desencadeando, assim, o processo de desenvolvimento.

Modernamente, a figura do *empresário* de *Schumpeter* pode ser substituída, sem perda de substância, pela empresa, em face de evolução acarretada pelo próprio progresso tecnológico na estrutura empresarial das economias desenvolvidas de hoje.

Da teoria do desenvolvimento econômico exposta pelo Prof. Schumpeter e que conserva no que é essencial a sua atualidade, emerge uma primeira conclusão de fundamental importância quando se discutem formas possíveis de organização para o estímulo e a orientação da atividade de pesquisa científica e tecnológica: o complexo Ciência e Tecnologia deve operar em completa interação com o sistema econômico, a fim de que os investimentos em pesquisa frutifiquem plenamente como causas reais do desenvolvimento econômico e social de uma nação.

A segunda metade do século XX tem sido particularmente notável por dois aspectos:

1º — a verdadeira explosão de conhecimentos científicos e tecnológicos nos países industrializados, e a velocidade crescente com que os frutos das pesquisas se incorporam ao sistema de produção, em benefício de suas populações;

2º — a melhor compreensão, por parte dos países pobres, do mecanismo do subdesenvolvimento e a consciência de que o progresso econômico, e tecnológico por conseguinte, como fenômeno espontâneo, não orientado, tende a converter-se naturalmente em processo cumulativo, geograficamente concentrado, de perversas conseqüências para as economias periféricas, só marginalmente afetadas pelas mudanças inerentes ao desenvolvimento nas economias centrais.

Compreenderam, pois, as nações pobres que sem grande esforço próprio, e deliberadamente orientado, não conseguiriam sequer manter a distância que os separam dos países industrializados. Daí dedicarem-se com variável intensidade e discutível sucesso, em muitos casos, mas sempre com louvável pertinácia, à difícil tarefa de criar e aperfeiçoar os instrumentos de orientação da atividade econômica. Este esforço de planejamento não pode deixar de abarcar o complexo Ciência-Tecnologia, não obstante toda a dificuldade de tal intento.

Mas é exatamente pela circunstância de serem pobres que os países em desenvolvimento têm maior necessidade de incluir nos planos nacionais a atividade científica e tecnológica e os programas de qualificação dos seus recursos humanos.

Conforme a tese sustentada pelo Prof. Schumpeter, a introdução das inovações no sistema econômico é realizada por agente com a motivação e em posição apropriada para fazê-lo, que é o *empresário* (ou a empresa).

A situação dos países desenvolvidos neste particular é também *muito vantajosa*. Dotados de estrutura industrial poderosa, as empresas nacionais ostentam porte adequado para a manutenção de núcleos próprios de "pesquisa e desenvolvimento" e têm participação importante nos ramos industriais tecnologicamente mais dinâmicos. Estão aptas, portanto, a apropriar-se com vantagem de fundos governamentais de incentivo à pesquisa, ao mesmo tempo que podem experimentar, em toda a seqüência, a viabilidade econômica das "novas formas de combinação de fatores de produção" geradas em seus laboratórios, gozando também das condições para assimilar tecnologias criadas por outras empresas. Localizadas em ambiente científico e tecnicamente assim ativo, as corporações estrangeiras e as empresas multinacionais sentem-se compelidas pela competição das empresas locais a integrar-se no programa nacional de "pesquisas e de desenvolvimento", interagindo deste modo com a dotação nacional de recursos produtivos e em especial com o sistema educacional local.

Os estudos realizados, por organizações internacionais e governamentais e por especialistas, sobre a atividade científica e tecnológica e seu financiamento nos países industrializados ilustram muito bem a função primordial das empresas nos programas de pesquisas. Visto pelo lado das fontes de recursos, o setor público (Governo Federal e de outros níveis) aparece como o principal financiador dos programas de pesquisa; do lado, porém, das despesas ou execução figuram as empresas como o agente mais importante.

A situação nos países em desenvolvimento é diferente. A estrutura industrial é relativamente débil, as atividades de pesquisas nas empresas são reduzidas ou quase nulas, e as empresas nacionais, entre outras limitações, não têm a dimensão suficiente para a sustentação de departamentos próprios de "pesquisa e desenvolvimento". O processo de industrialização é, então, colocado sob forte dependência da importação de técnica. Investigações recentes realizadas pelo Instituto de Planejamento Econômico e Social (IPEA), do Ministério do Planejamento e Coordenação Geral, revelam esse mesmo quadro de apatia das empresas industriais brasileiras no tocante a pesquisas, isto a despeito da relativa pujança de nosso setor industrial. Com isto, a atividade pesquisa nos países em desenvolvimento tende a concentrar-se também no setor público.

Fica, então, o Governo com a dupla responsabilidade de financiar maciçamente o complexo Ciência e Tecnologia, e de conduzir ele próprio os programas e projetos específicos de pesquisas. Deverá, ainda, o Governo suprir de algum modo a abstenção do empresário no processo de incorporação ao sistema econômico das inovações que porventura conseguir em seus laboratórios.

Conhecida a complexidade do processo de criação de novas técnicas, do seu ajustamento ao sistema econômico, bem como a natureza difícil da tarefa de planejamento, é fácil deduzir o sério problema que se coloca para os países em desenvolvimento, necessitados de acelerar o seu progresso econômico com apoio crescente em pesquisas próprias.

Decorre daí outra conclusão, a nosso juízo importante, quando se examinam formas de organização dos instrumentos ou mecanismos de formulação, coordenação e apoio à pesquisa nos países em desenvolvimento. A articulação dos órgãos responsáveis pelo setor de Ciência e Tecnologia com o órgão ou órgãos de planejamento econômico e social e de fomento da atividade econômica terá que ser muito estreita para poder minimizar as desvantagens representadas pela debilidade do setor empresarial como promotor de pesquisas. Qualquer que seja a natureza do órgão responsável pelo setor em causa — ministério, conselho, comissão etc., e as soluções são as mais variadas, conforme mostram os inquéritos da UNESCO — o essencial é que se assegure meio eficaz de articulação com o órgão ou sistema responsável pela elaboração dos planos nacionais de desenvolvimento e a preparação dos respectivos orçamentos-programa.

II. *Desenvolvimento Científico e Tecnológico: A Experiência Brasileira*

A. OBJETIVO BÁSICO

A política governamental brasileira na área de Ciência e Tecnologia decorre do explícito reconhecimento de dois fatos significativos:

1º) que a preponderância da componente tecnológica no processo produtivo das economias nacionais modernas tende a acentuar-se de modo irreversível; e

2º) que, após vencido certo nível de desenvolvimento econômico, a incorporação da componente tecnológica ao processo produtivo só se faz em forma conveniente quando apoiada em base científica e tecnológica nacional, capaz de criá-la e de apropriar-se eficientemente — transformando-as e ajustando-as às peculiaridades internas — das técnicas geradas no exterior.

Incorpora, ainda, a política governamental, a aceitação de uma condicionante fundamental: — o sistema científico e tecnológico para produzir o resultado esperado deverá buscar a sua progressiva integração estrutural, no sentido de que as atividades em *pesquisa aplicada* e *desenvolvimento* deverão obter suficiente apoio interno em volume também adequado de atividades no campo das pesquisas *básicas*. Em termos de tempo e de características essenciais, o diferencial entre pesquisa básica e pesquisa aplicada tende a encurtar-se e a perder nitidez, como uma outra típica característica moderna. Não será possível, pois, conceber um sistema de Ciência e Tecnologia eficiente se estruturalmente incompleto e fragmentado.

Emerge, assim, como propósito básico do Governo Federal, a construção do sistema nacional de Ciência e Tecnologia, dotado de estrutura orgânica bem proporcionada, e submetido a processo permanente de expansão e revigoramento.

Com o propósito de assegurar cumprimento ao objetivo enunciado, desenvolve o Governo esforços em três grandes linhas:

— Ampliação das equipes nacionais de cientistas, tecnólogos e professores universitários, através, principalmente, da implantação de cursos superiores de pós-graduação nos diferentes campos do conhecimento científico e tecnológico, iniciativas muito favorecidas pela Reforma Universitária em curso de aplicação.

— Apoio às atividades de pesquisa básica ou fundamental, como parte essencial e insubstituível do processo de formação de quadros, e como instrumento indispensável aos estágios subseqüentes da pesquisa aplicada e do *desenvolvimento*.

— Fomento à realização de programas e de projetos específicos de pesquisa tecnológica e desenvolvimento.

No tocante aos projetos de pesquisas científicas e tecnológicas, a intenção governamental indicada nos programas próprios é a de assegurar o cumprimento dos seguintes grandes objetivos específicos:

1) Acompanhar o progresso científico e tecnológico mundial, participando da II Revolução Industrial, particularmente nas áreas de perspectivas tecnológicas mais amplas.

2) Adaptar a tecnologia importada às condições nacionais de dotação de fatores de produção do país.

3) Resolver problemas tecnológicos próprios do Brasil, notadamente nas áreas Industrial, Agrícola e de Recursos Minerais e evoluir para mais ampla elaboração tecnológica no País, substituindo tecnologia, em seguimento à substituição de importações, em número considerável de setores industriais.

B. O SISTEMA NACIONAL DE COORDENAÇÃO E ESTÍMULO À CIÊNCIA E TECNOLOGIA.

O Governo brasileiro não escolheu o caminho trilhado por outros países, que optaram por um Ministério de Ciência e Tecnologia. Tendo em conta que as atividades de pesquisa ainda por longo tempo ficarão predominantemente confinadas em instituições públicas, que, por sua vez, se distribuem pelos diferentes Ministérios setoriais, além de entidades da administração estadual, tem preferido o Governo a fórmula de operação de diferentes órgãos de política e de apoio financeiro integrados num *Sistema* que caminha para operar em íntima coordenação. Há, assim, ganhos em termos de coordenação centralizada e de atuação descentralizada, com tendência à especialização no que concerne à concessão de incentivos financeiros.

Os órgãos federais que compõem o referido Sistema são os seguintes:

— Ministério do Planejamento e Coordenação Geral, com responsabilidades específicas e principais no tocante a:

— integração do Programa de Ciência e Tecnologia nos Planos Nacionais de Desenvolvimento Econômico e Social;
— elaboração e controle do Orçamento-Programa de Investimentos;
— administração do Fundo Nacional de Desenvolvimento Científico e Tecnológico, através de empresa pública a ele vinculada (Financiadora de Estudos e Projetos S.A. — FINEP).

— Conselho Nacional de Pesquisas (CNPq), com atribuições legalmente definidas de coordenação e estímulo da atividade científica no país, e que, como tal, deve operar em articulação com o Ministério do Planejamento e Coordenação Geral.

— Banco Nacional do Desenvolvimento (BNDE), que constitui o principal instrumento federal de financiamento dos grandes projetos econômicos — serviços básicos e indústria, notadamente — integrantes dos planos nacionais de desenvolvimento. A partir de 1964, o BNDE, mercê de suas responsabilidades e contactos estreitos com as grandes entidades do país, passou a incluir no seu programa o financiamento de projetos de Ciência e Tecnologia. Progressivamente, orientar-se-á o BNDE para o amparo a programas e projetos de pesquisa aplicada, através do seu Fundo de Desenvolvimento Técnico-Científico (FUNTEC).

— Coordenação do Aperfeiçoamento do Pessoal de Nível Superior (CAPES), órgão do MEC, com funções de incentivo à qualificação pós-graduada do pessoal de nível superior, através de bolsas e auxílios.

— Comissão Nacional dos Centros Regionais de Pós-Graduação, recém-criada no MEC, com participação de diferentes órgãos (Ministério do Planejamento, CNPq, BNDE, entre outros) e a incumbência de coordenar e controlar a implantação e operação dos referidos centros, responsáveis pela formação do corpo científico nacional.

A preparação, implementação, controle e financiamento do Programa de Desenvolvimento Científico e Tecnológico recomenda a ação articulada das diferentes agências federais envolvidas. A alternativa, que consistiria em reuni-las num único órgão centralizador, seria, por certo, tecnicamente desaconselhável por ora no caso brasileiro.

A ação coordenada pode e deve fazer-se em diversos níveis: estabelecimento de diretrizes e metas globais que conformarão a Política Nacional de Ciência e Tecnologia; a quantificação dos recursos necessários à execução do Programa; a preparação, análise e controle de programas setoriais e de projetos específicos; estudos e pesquisas conducentes ao aperfeiçoamento dos instrumentos para a montagem e execução do Programa, e à proposição de medidas indiretas de apoio ao mesmo.

No tocante a atividades de pesquisas — básicas ou aplicadas — a questão crucial está em conduzir, de algum modo, a montagem de programas setoriais e projetos específicos, sem ferir ou frustrar o poder de iniciativa do cientista e do tecnólogo, e, o que é ainda mais complexo, integrar objetivamente a atividade de pesquisa no processo global de desenvolvimento econômico e social. A escassa participação de nossas empresas industriais neste esforço aumenta as dificuldades para que essa integração desejada se processe com eficiência.

Sem tolher ou opor restrições à liberdade de iniciativa, inerente à atividade científica realmente criadora, é preciso, porém, que essa atividade busque orientação nos objetivos fixados nos programas nacionais de desenvolvimento econômico. Como, no Brasil, por circunstâncias várias, a produção científica concentra-se no setor público, com reduzida participação da empresa privada, há uma tendência natural ao divórcio entre aquilo de que necessita a economia nacional, e em especial o empresário brasileiro, em termos de soluções técnicas, e aqueles problemas que, por inspiração própria, podem motivar o pesquisador, dada a distância e a pouca comunicação existente entre as duas áreas. O continuado aperfeiçoamento dos programas nacionais de desenvolvimento, com a explicitação cada vez mais precisa dos seus objetivos, é que tornará efetiva a criação de canais adequados de comunicação entre o setor de pesquisas e o setor econômico. O Plano Básico de Desenvolvimento Científico e Tecnológico, alcançada melhor qualidade na tarefa de planejamento, constituirá, então, de fato, um valioso instrumento para a realização dos objetivos nacionais.

Nessa tentativa permanente de integração levar-se-ão em conta, naturalmente, as características próprias da chamada pesquisa básica e da pesquisa aplicada.

Não se pode, nem se pretende, associar, de modo objetivo e direto, a pesquisa fundamental, pura, a problemas concretos da economia brasileira. Não obstante, parece viável, através de programas e de projetos específicos, aproximar-se os dois campos, em mútua e benéfica interação.

A programação da pesquisa tecnológica e desenvolvimento oferece campo à intervenção do economista e do empresário.

Conquanto caracterizada pelo coeficiente de risco maior, a pesquisa aplicada é suscetível de algum tratamento por critérios econômicos de avaliação de viabilidade. Ajusta-se, também, com maior clareza, à programação da atividade econômica, ensejando a escolha menos subjetiva de alvos e de intenções.

A tentativa de orientar programaticamente os estímulos e os investimentos governamentais na pesquisa aplicada deve constituir preocupação principal do Ministério do Planejamento, do Conselho Nacional de Pesquisas e do BNDE.

O problema crítico de todo plano, programa ou projeto, diz respeito ao acompanhamento de sua execução.

Definidos os seus objetivos, identificados os meios para a sua efetivação, é indispensável que se estabeleça mecanismo adequado de controle e supervisão, que indique o grau de realização em confronto com o programado; revele as insuficiências de programação e/ou de execução; e possibilite a introdução tempestiva de correções e aperfeiçoamentos e mudanças de rumos. Em outras palavras, a tarefa do planejador não se esgota com a confecção do plano.

Em geral as instituições se aparelham para o controle meramente formal, de tipo contábil-financeiro. Mas, o acompanhamento que conduz à avaliação permanente do modo como se comportam os projetos que compõem o plano, por ser função mais complexa e delicada, termina por não ser feita.

Os projetos da área de Ciência e Tecnologia, exatamente por apresentarem coeficientes de risco mais elevado, devem merecer atenção especial da parte do planejador, no tocante ao controle e acompanhamento da sua execução.

A qualidade dos programas e projetos científicos e tecnológicos, a seleção e identificação daqueles de mais prioridade, o controle eficiente de sua execução, e a transferência de seus resultados para a atividade econômica, são os frutos esperados da instauração desse mecanismo de coordenação, que se consubstanciará no Plano Básico de Desenvolvimento Científico e Tecnológico.

	1968 ([1])	1969	1970	1971
FNDCT - Fundo Nacional de Desenvolvimento Científico e Tecnológico	—	5 830	22 425	56 400 ([2])
CNPq - Conselho Nacional de Pesquisas	16 074	44 248	53 590	65 533
CAPES - Coordenação do Aperfeiçoamento do Pessoal de Ensino Superior	6 859	12 200	20 921	23 520
BNDE/FUNTEC - Banco Nacional do Desenvolvimento Econômico/Fundo de Desenvolvimento Técnico-Científico	13 350	23 211	50 543	102 000
CRPG ([3]) - Comissão Nacional dos Centros Regionais de Pós-Graduação	—	—	—	16 000
TOTAL	36 283	85 489	147 479	263 453

NOTA: Recursos alocados após alterações decorrentes de contenção e/ou suplementação.
(1) Estimativa.
(2) Exclusive transferência para o Conselho Nacional de Pesquisas e FUNTEC-BNDE.
(3) Recursos do Fundo de Desenvolvimento de Áreas Estratégicas, atribuídos à Comissão Nacional dos Centros Regionais de Pós-Graduação.

O Orçamento Federal de Ciência e Tecnologia, conforme indicações do Ministério do Planejamento e Coordenação Geral, deverá experimentar a seguinte evolução no triênio 1972/1974, indicada na tabela seguinte, e que dá a medida da prioridade que o Governo brasileiro está atribuindo ao Setor:

ORÇAMENTO FEDERAL DE CIÊNCIA E TECNOLOGIA
— 1972/74

Em Cr$ milhões de 1972

	1972	1973	1974
Administração Direta de Autarquias e Empresas Governamentais	267,4	234,3	255,3
Órgão de Coordenação e Apoio ...	382,4	436,1	462,6
CNPq — Conselho Nacional de Pesquisas	57,6	59,6	62,3
CAPES — Coordenação de Aperfeiçoamento do Pessoal do Ensino Superior	28,0	30,5	32,2
FNDCT — Fundo Nacional de Desenvolvimento Científico e Tecnológico	133,9	180,0	194,1
BNDE/FUNTEC — Banco Nacional de Desenvolvimento Econômico — Fundo de Desenvolvimento Técnico-Científico	102,9	100,0	100,0
Outros	60,0	66,0	74,0
TOTAL	649,8	670,4	717,9

4ª Parte

LINHAS DE AÇÃO PRIORITÁRIAS EM CIÊNCIA E TECNOLOGIA

LINHAS PRIORITÁRIAS DE AÇÃO

I

Um país em pleno desenvolvimento encontra na Ciência e na Tecnologia elementos de propulsão que lhe são indispensáveis. Entretanto, para que esta contribuição se torne eficiente e equilibrada, é necessário que se faça presente um conjunto de normas e de proposições de ação operacional harmonizada, que caracteriza a "Política Científica" de cada país.

Pode-se dizer, *grosso modo,* que a "Política Científica" de uma nação se divide em dois grandes setores. Corresponde um deles à necessidade de se fazer face ao desafio social e econômico que o processo nacional encontra em sua frente. Neste setor encontra-se, portanto, o subsídio que Ciência e Tecnologia dão ao desenvolvimento social e ao desenvolvimento econômico, vale dizer, compreende ele a escolha de prioridades destinadas a dar aos dois tipos de desenvolvimento o ritmo mais compatível com os vários elementos que caracterizam cada realidade nacional.

Medidas a curto prazo e a prazo mais longo são características desta realidade que, no capítulo do desenvolvimento econômico, visam sobretudo ao aumento do produto nacional bruto, ou de qualquer outro índice capaz de servir à determinação da riqueza global do país. De qualquer modo, tanto no caso do desenvolvimento econômico, como no do social, a ação operacional neste setor se caracteriza pela procura de um resultado de visibilidade bem definida, como, por exemplo, a instalação de uma nova linha de produção industrial no caso do desenvolvimento econômico, ou da debelação de uma epidemia ou do saneamento de uma região, no caso do desenvolvimento social.

As razões pelas quais convém estabelecer uma diferença entre o desenvolvimento econômico e o social são óbvias. No caso do desenvolvimento econômico, o resultado positivo de uma iniciativa é sempre caracterizado por uma contribuição mensurável do ponto de vista econômico. Este resultado é obtido dentro de limite de tempo bastante estreito. No caso do desenvolvimento social, os resultados alcançados podem apresentar, pelo menos no imediato, valores não computáveis positivamente do ponto de vista dos índices de crescimento econômico usualmente adotados. É o caso, por exemplo, das campanhas sanitárias realizadas em países de massa populacional muito grande. É o caso da malária, na Ásia. Estas campanhas foram consideradas por alguns dos economistas e dirigentes daqueles países como de caráter econômico negativo, pois o aumento populacional delas decorrente não se pode medir em termos de progresso econômico e incide negativamente nos índices habituais de crescimento.

Problemas vários, característicos da evolução social moderna, entre os quais o fenômeno da urbanização, o aumento populacional e a degradação ambiental, ao lado da informação generalizada trazida à maioria da população pelos meios de comunicação, tornam evidente que o desenvolvimento nacional não pode ser considerado exclusivamente do ponto de vista do desenvolvimento econômico, mas daquele ao qual se integra a "qualidade da vida". Assinale-se também que o subsídio dado pela Ciência e pela Tecnologia, tanto ao desenvolvimento econômico como ao social, não se pode cifrar através de uma análise de custo/benefício.

As "funções de produção" propostas até agora a partir do trabalho de Cobb e Douglas, não são senão aproximações macroscópicas, para não dizer grosseiras, nas quais as influências existentes entre os vários "entrantes" (*input*) não podem ser representadas analiticamente. Mais do que isto, no caso particular da Ciência e da Tecnologia, o cômputo de sua contribuição não se define precisamente, pois dependem as mesmas do esforço preliminar já realizado na investigação científica e tecnológica, de sua histerese e de sua capacidade de automultiplicação.

Esta assertiva, verdadeira quanto ao subsídio trazido por Ciência e Tecnologia ao desenvolvimento econômico, ainda é mais acentuada no desenvolvimento social, no qual, ao lado de certos elementos capazes de serem avaliados por índices de caráter semiquantitativo, importa considerar, repito, "a qualidade da vida", que apresenta aspectos subjetivos indefiníveis.

Não se pode, todavia, duvidar da contribuição trazida pela Ciência e pela Tecnologia ao desenvolvimento social e econômico e à própria "qualidade da vida"; é ela mais que patente, embora não se possa estabelecer entre ela e os resultados obtidos no processo social uma relação quantitativa do tipo unívoco, o que sem dúvida facilitaria a promoção de modelos capazes de facilitar a ação planejadora.

Outro setor a que aludimos é o da formação da infra-estrutura necessária a permitir a plena utilização da Ciência e da Tecnologia no desenvolvimento nacional. Tem ela uma componente que pode, em princípio, ser obtida ou realizada rapidamente: a da constituição dos grupamentos de setores que devem aconselhar, superintender e orientar a pesquisa científica e tecnológica no país. A estes, se associa o da realização, muito mais demorada, da formação nos vários níveis necessários, do potencial humano de que carecem Ciência e Tecnologia para seu pleno emprego no processo social.

A formação do potencial humano, entretanto, não se restringe àqueles que serão os indivíduos empregados na própria integração da Ciência e da Tecnologia ao processo desenvolvimentista. Um dos paradoxos das dificuldades de nossa época é de que a formação desse potencial é tarefa urgente, que, entretanto, só pode ser obtida em tempo moderadamente lento. A tarefa da informação científica se estende aos participantes "não--científicos" da sociedade; a aplicação autêntica dos métodos científicos ao progresso humano só se fará corretamente quando for obtida uma própria formação intelectual de qualquer indivíduo, qualquer que seja o destino da sociedade, uma estruturação intelectual capaz de fazê-lo compreender parcial ou totalmente o sentido da Ciência, de seus métodos, de suas vantagens e de seus perigos.

É a chamada "educação pela Ciência", que está longe de ser generalizada, e cuja conceituação tem sido a preocupação de muitos cientistas e pedagogistas modernos, entre os quais Alfredo Baez, a quem se deve também importante estudo sobre a modificação dos currículos de nível secundário.

II

A "Política Científica" de um país tem como finalidade especial a "otimização" dentro da conjuntura nacional dos recursos humanos e dos investimentos feitos em Ciência e suas aplicações. Cabe, portanto, a partir de linhas gerais de ação, definir a estrutura de planejamento, assessoramento de complementação que mais convenha ao país, indicar e criar as instituições operacionais a ele necessárias, e determinar a repartição de recursos, o que significa, em última linha, escolha de prioridades.

A situação normativa geral distingue os dois campos nos quais a Ciência exerce a sua ação: o da pesquisa fundamental e o de suas aplicações. Não é aqui o momento de retornar à divisão da atividade científica nos quatro setores bem conhecidos: pesquisa fundamental pura, pesquisa fundamental orientada, pesquisa tecnológica ou industrial, desenvolvimento operacional.

Do mesmo modo, não será necessário sublinhar mais uma vez que a evolução científica realizada a partir do fim da guerra consolidou o conceito da Unidade da Ciência. Basta, no momento, acentuar que os objetivos do planejamento científico se situam em duas subdivisões, igualmente indispensáveis para o progresso científico de qualquer nação, ainda que a ênfase dada a uma ou a outra esteja na dependência da própria evolução social desta.

Como bem o assinala Harold Himlworth, a diferença entre elas é baseada na atitude do investigador, e assim a primeira corresponde aos que procuram o conhecimento da natureza e a outra, àqueles que se lançam ao aproveitamento desta para o benefício do homem. A própria explicitação de Himlworth indica quanto estão integralmente ligadas uma à outra. No setor da pesquisa fundamental, a ação de planejamento se limita a dar aos cientistas perfeita adequação ao trabalho que realizam. Corresponde essa adequação a uma escala de remuneração capaz de competir, pelo menos em grande parte, com a escala internacional; ao financiamento de equipamento renovável quando necessário, e ao de condições técnicas necessárias para sua manutenção e reparo; elementos de custeio — despesas gerais; e condições de informação que correspondem ao fornecimento de bibliografia e de possibilidade de intercâmbio, tanto com as instituições nacionais como com as estrangeiras, bem como uma participação assídua a determinadas regiões de especialidade.

Esse conjunto de medidas é homogêneo. O não cumprimento de uma delas destrói a eficiência do pesquisador. Verifica-se que nelas não se fala em orientação e dirigismo. A esse tipo de atividade científica correspondem pesquisa fundamental pura e pesquisa fundamental aplicada.

No caso da pesquisa fundamental pura, esta orientação permite o pleno desabrochar da capacidade de um investigador, motivado em sua atividade e orientado para os domínios do seu maior interesse intelectual. Na pesquisa fundamental aplicada, consciente ou inconscientemente, o pesquisador se orienta para campos de investigação que mais cedo ou mais tarde darão resultados práticos. Seu objetivo não é alcançá-los, mas estabelecer as bases para que isto seja obtido. Nelas, a orientação dos órgãos de planejamento se faz sentir indiretamente, como por exemplo através de concessão de recursos com destinação marcada.

O pesquisador tem a liberdade de modificar a sua trajetória a um momento dado, ou retrogradá-la sob o ponto de vista dos objetivos perseguidos. Tanto na pesquisa fundamental pura, como na fundamental orientada, conforme assinalei em outra ocasião, o investigador é o "comandante de um barco que determina a sua própria carta de prego".

No segundo tipo de investigação, na pesquisa tecnológica industrial e no desenvolvimento operacional, há um objetivo bem preciso a ser perseguido, ainda que não logrado muitas vezes, determinado pelas necessidades sociais. O pesquisador se transforma apenas no "piloto que traz em dia a sua carta de marear".

A divisão de atenção a ser dada entre a pesquisa fundamental pura e orientada, e a pesquisa tecnológica industrial e a sua necessária promoção, seja o desenvolvimento operacional, deve ser objeto de consideração. É que na ótica pela qual se analisam os subsídios que à Ciência e a Tecnologia dão ao desenvolvimento, tem sido considerado quase exclusivamente o desenvolvimento econômico, pela admissão tácita de que o incremento deste traz forçosamente o desenvolvimento social e subseqüente distribuição de riquezas, e ainda, uma melhoria da qualidade da vida.

Sem discutir a falácia de tal argumentação, que não se encontra aprovada em nenhuma sociedade, seja do tipo socialista, seja do tipo liberal-capitalista, cumpre estudar se a ênfase dada à pesquisa tecnológica, principalmente nos países em desenvolvimento, justifica a certeza de que trará ela o aumento do desenvolvimento econômico, vale dizer, do produto nacional bruto do mesmo.

O desenvolvimento econômico assim considerado está intimamente ligado ao processo de industrialização. Pode-se ele fazer, seja pela multiplicação de unidades de produção, seja pelo aumento de sua capacidade (incremento extensivo e intensivo), seja pelas inovações técnicas. Nos dois primeiros casos, a tecnologia inicial é apenas repetida em unidades de produção e ampliada. No segundo caso, há modificações tecnológicas parciais ou totais. É óbvio também que o desenvolvimento operacional desempenha papel importante na utilização final dos produtos industrializados. Nos países em desenvolvimento grande ênfase tem sido dada, com justa razão, à transferência de tecnologia, para a utilização de *know-how* de reconhecida validez nos países ricos ou industrializados. Baseados nos sucessos já obtidos, muitos planejadores acreditam na desnecessidade de fomentar a pesquisa fundamental nos países em desenvolvimento. Tal fato exige contestação vigorosa, porque não atende ela aos verdadeiros objetivos de uma "Política Científica" nacional. Do ponto de vista puramente econômico deve ser reconhecido desde logo que a transferência de tecnologia requer uma adaptação que só pode ser feita pelo conhecimento das características ecológicas do local onde a "nova" tecnologia se vai estabelecer.

É evidente que o aconselhamento para a escolha da tecnologia apropriada deve nascer e se fazer através da experiência adquirida pelo potencial humano, científico e tecnológico nacional, porque muitas vezes não pode ela ser assegurada fielmente pela perícia estrangeira, enquadrada em pontos de vista até mesmo científicos, nos quais estão condicionados eles pela própria formação intelectual que recebem. A ausência de uma contrapartida intelectual capaz de participar dos projetos de ajuda técnica bilateral ou multinacional traz irremediavelmente como conseqüência a criação do "colonialismo tecnológico", que deve ser evitado de todo modo. Nas várias vezes em que inúmeros cientistas autóctones expressaram esta opinião foram considerados como ultranacionalistas ou então sonhadores. Nada disso. A participação da Ciência aborígine nos planos de desenvolvimento científico e tecnológico é essencial; não elimina de modo algum, antes a fortalece, a assistência técnica dada por peritos estrangeiros, que encontrarão melhor facilidade de diálogo para a realização de suas tarefas.

De outro lado, os que propugnam para a criação de Ciência e Tecnologia autóctones não pretendem que a Ciência aborígine vá criar uma nova metodologia de produção. Pretendem, isso sim, que os métodos tecnológicos formulados em países de "ecologia nacional" diferente sejam melhor adaptados às realidades nacionais, sem que haja modificações ambientais desnecessárias, e que seja obtido o rendimento máximo do investimento feito. Isso naturalmente não impede que em determinadas ocasiões contribuicões nacionais possam ser feitas que venham modificar os processos de industrialização. Serão eles raros certamente, mas não poderão ser feitos senão com um baseamento científico e tecnológico, que exige por parte dos órgãos de planificação científica um cuidado constante com o desenvolvimento da Ciência fundamental pura e orientada, assim como da pesquisa tecnológica.

Ademais, o conceito fundamental da "Unidade da Ciência" não pode permitir mais que existam investigadores na área tecnológica, fltuando sobre um panorama completamente desraizado, e tirando a sua inspiração e a sua formação, bem como entretendo seu diálogo, exclusivamente com as fontes situadas nos países desenvolvidos. Mais ainda. A pesquisa fundamental tem papel preponderante na ação prospectiva, que no caso atual assume as projeções mais dramáticas no problema da inter-relação do homem e de seu meio, seja nos processos de desflorestamento, de destruição e de utilização irracional dos recursos naturais.

Para esta ação prospectiva, da qual depende essencialmente o futuro de uma nação, a formação de um quadro de pesquisadores básicos, integrados à pesquisa fundamental pura e à pesquisa fundamental orientada, é indispensável. Além do mais, a formação deste quadro tem papel extremamente importante na criação de cientistas e tecnólogos dentro das universidades. Não poderá haver um ensino de qualidade, que é o único capaz de estabelecer a adequação perfeita de nossa evolução social aos problemas do porvir, se não houver uma formação de quadros adrede preparados para enfrentá-los.

Isto corresponde a uma formação básica, na qual o método científico vem desempenhar papel mais do que significativo, porque dentro do ensino universitário o ensinamento deve visar muito mais à formação da mentalidade do estudante e à sua capacidade de aprender, do que procurar fornecer-lhe elementos de conhecimento que têm, principalmente no domínio científico e tecnológico, uma duração em grande parte efêmera, dada a vertiginosa evolução que se processa no conhecimento humano. Tal conhecimento só pode ser obtido pelo aluno ao se assenhorear da metodologia de pensamento característica da *"praxis* científica", que ao encontrar um problema fixa os parâmetros que o condicionam, e estuda a sua evolução, procurando interpretá-los dentro das técnicas de trabalho que correspondem à investigação científica, que não permite que a realidade seja suprimida por determinações aprioristicas, ou por concepções sem base. De outro lado, a batalha de qualidade, que é o grande problema que o ensino superior brasileiro encontra, exige, ao lado de modificações fundamentais na metodologia pedagógica utilizada, para o ensino científico e tecnológico, fundamentação científica precisa, capaz de dar ao mesmo, e portanto à expansão tecnológica brasileira, condições para superar as dificuldades que certamente aparecerão no caminho de nossa evolução.

III

No caso de uma Política Científica Geral, os critérios de prioridade tomam aspecto bastante geral, que deve ser especificado para cada condição particular. Todavia o conceito de prioridades está ligado as mais das vezes a uma listagem em que elementos específicos são desejados. Não é assim que deve ser visto o conceito de prioridades em uma Política Científica, mas sim com o caráter mais geral acima acentuado. Desse modo, como exercício mental, poderíamos acentuar que uma política científica em nosso país deveria considerar com caráter prioritário os cinco itens seguintes: (a) energia; (b) alimentação; (c) saneamento; (d) educação; (e) industrialização pesada — sem que os mesmos impliquem em ordem preferencial, como a definição do termo poderia sugerir. Uma análise mais precisa de cada um destes itens levaria à sua subdivisão, que daria oportunidade a uma troca de idéias importante.

Há dois elementos importantes a assinalar: o primeiro, é que qualquer programa científico e tecnológico, excetuada a realização de programas de pesquisa atinentes ao ensino de pós-graduação, deve ser baseado essencialmente em programas de caráter regional e ecológico. Assinala-se ainda que na consecução de seus objetivos, o Desenvolvimento não se pode basear exclusivamente na contribuição que lhe é dada pelas Ciências Exatas, mas terá de ter subsídio significativo por parte das Ciências Humanas e Sociais, para que não haja interrupção do processo posto em marcha e não produza ele distorções sociais importantes.

O segundo aspecto que deve ser mencionado é aquele dos desafios sociais que poderíamos chamar de "catástrofes", muito embora esta denominação esteja mais ligada ao conceito de modificações profundas trazidas ao contexto ecológico por perturbações mesológicas violentas. O conceito de "catástrofe" se estende, pois, ao aparecimento de epizootias, à destruição de determinadas coletividades vegetais, a surtos epidêmicos, e ainda a outros episódios súbitos que prejudicam a marcha da evolução social. Para isso é necessário o estabelecimento de um sistema logístico capaz de fazer face de súbito a uma dessas "catástrofes". Na história médica brasileira, encontramos como exemplo das mesmas a debelação da febre amarela por Oswaldo

Cruz, e o episódio da broca do café que ameaçava destruir nossos cafezais, elemento fundamental da economia de exportação brasileira.

Para a solução desse sistema logístico é preciso o estabelecimento de instituições que estejam preparadas para a realização dos cometimentos indispensáveis à solução de problemas deste tipo. Esse fato acentua uma vez mais a importância do fomento dado à pesquisa fundamental pura e orientada e a constituição de institutos multidisciplinares capazes de propiciar a base necessária para estas "campanhas". Entretanto, a solução para esses problemas de súbito aparecimento, como dos problemas que possam ter solução científica, encontra-se na criação de "linhas de Pesquisa e Aplicação", que criam um encadeamento processual indispensável à plena execução e sucesso da iniciativa tomada.

O problema que surge aqui, do ponto de vista da planificação científica, é o de saber se há necessidade de apoio à criação de institutos cobrindo certa área de investigações, ou à criação de institutos especializados, destinados sobretudo à pesquisa numa determinada área. No primeiro caso, encontram-se, por exemplo, os institutos de tecnologia agrícola, ou os institutos agronômicos, e no segundo, um Instituto de Malária, por exemplo. Parece óbvio que a formação de institutos abrangentes multidisciplinares é a solução racional, mesmo porque a criação de institutos específicos, destinados à solução de um problema, oferece a dificuldade do seu destino, após terminada a tarefa essencial. Contudo, não é de todo imprevisível e inaceitável a idéia da criação de institutos especializados destinados à solução de determinados problemas, desde que apresentem grande probabilidade de desenvolver a sua ação por largo espaço de tempo.

Deve ser acentuado, pois, que para a solução de certos problemas tipo "catástrofe", as linhas de Pesquisa e Aplicação devem utilizar recursos disponíveis em todas as instituições onde estas existirem, constituindo assim programas não só multidisciplinares, como também multi-institucionais.

Qualquer que seja, todavia, o tipo de instituição considerado, de natureza universitária ou não, é importante que o sistema de planejamento e de "otimização" adotado leve em consideração a necessidade de uma integração da instituição aos problemas mais agudos da "ecologia" regional onde se situa. Isto é naturalmente bastante fácil de ser levado em consideração na pesquisa tecnológica ou industrial, e não apresenta dificuldades no setor da pesquisa fundamental orientada.

IV

Uma das maiores dificuldades da política científica de uma nação é a da definição do melhor esquema, necessário ao desdobramento de seu programa científico e tecnológico, dando-lhe a maior eficácia. Não há para tal esquema modelo que sirva para todas as nações, que são assim obrigadas a adaptar suas próprias condições a princípios de ordem geral que enquadram a mesma definição.

Estes princípios gerais, surgidos da observação, podem ser dispostos em quatro planos diferentes. O primeiro é o do acesso da Ciência e da Tecnologia ao mais alto nível executório. Tem este acesso sido feito seja por um Ministério de Ciência e Tecnologia, ou por organizações congêneres, como a Academia de Ciências da União Soviética, ou pelos escritórios de assessoramento colocados diretamente em contato com o Chefe Supremo da Nação. No segundo escalão encontra-se o órgão de planejamento geral de ação normativa. O terceiro escalão é o dos órgãos executores deste planejamento, com a atividade complementar e suplementar, possivelmente possuindo instruções próprias de pesquisa. São as organizações do tipo do Conselho de Pesquisas, cuja unicidade ou pluralidade merece considerações. No quarto plano, encontram-se os institutos de ação operacional propriamente dita, entre os quais se situam as instituições universitárias, os institutos de pesquisa aplicada, os de tecnologia geral ou especializada, e os laboratórios industriais. O primeiro escalão é que suscita no momento maiores discussões em todos os países do mundo. A criação dos "ministérios ordinários" encarregados da pesquisa, com atividade rotineira, assumindo o tipo de "Super-Conselho", não tem dado provas de eficiência, nos vários países nos quais a fórmula foi tentada. A razão é óbvia. É que a pesquisa científica e tecnológica deve estar presente praticamente nas atividades de cada Ministério, o que torna a sua centralização fonte de dificuldades administrativas muito grandes. Dar aos Ministérios de Ciência e Tecnologia a atividade precípua dos Conselhos de Planejamento não é a solução mais adequada. Além disso, de um modo geral, a atividade dos Ministérios de Ciência e Tecnologia tem-se desviado principalmente para o setor tecnológico e aplicado, criando conflitos de jurisdição muitas vezes graves. Ministérios de Ciência e Tecnologia se fazem e se desfazem em muitos países desenvolvidos, o que mostra que a modalidade não conseguiu ainda se impor de maneira definitiva. Ademais, a sua validade é uma função singular das características dos responsáveis por sua gestão.

A criação de escritórios de aconselhamento diretamente subordinados ao Chefe do Executivo (como o "Office for Science & Technology", ligado à Casa Branca) é também uma solução sujeita a controvérsia. Depende mais ainda do que a anterior do relacionamento do Chefe do Executivo com o cientista que o dirige. Foi sem dúvida com Jerry Wiesner, durante o Governo de John Kennedy, que o "Office" citado exerceu maior influência na política científica dos Estados Unidos, país, entretanto, que, por suas condições de todo peculiares, não pode servir de modelo.

O que importa acentuar, todavia, é que se torna indispensável para o progresso de uma nação, principalmente para uma nação em desenvolvimento, que a voz da Ciência e da Tecnologia esteja presente no mais alto escalão decisório da nação. Isto faz-se tanto mais importante quanto sabemos que o desenvolvimento nacional depende, em uma ótica prospectiva, da harmonia entre elementos que conduzem ao desenvolvimento econômico e os que levam ao desenvolvimento social, vale dizer, dos que cuidam da melhoria da "qualidade da vida".

Encontram-se assim nas mesas de governo, de um lado, os Ministérios destinados à ação econômica, aos quais se filiam, em geral, os Ministérios do Planejamento, e do outro lado, os de ação marcadamente "social", entre os quais se encontram alguns especiais, como o do "Aménagement du Territoire" — as funções de organização, ordenação, administração, proteção de sítios, etc. estando incluídas na denominação — em França, e os futuros Ministérios do "Ambiente", que serão propostos certamente na Conferência de Estocolmo do ano próximo, e serão provavelmente criados em vários países, tendo em vista a importância que assume vertiginosamente o problema "do homem e o ambiente".

A harmonização desses interesses, às vezes contraditórios, só se pode fazer pelo conhecimento científico e técnico, neles envolvido, mas com caráter "generalista", que os setores especializados não possuem. Mas se a criação de um Ministério de Ciência e Tecnologia é difícil e apresenta desvantagens possivelmente maiores do que as suas vantagens, como e através de que mecanismo pode-se ouvir a voz da Ciência nas mesas de deliberação executiva?

Parece que tudo aquilo que há de inconveniente na criação de um ministério "ordinário" de Ciência e Tecnologia — serviços de rotina, duplicação de atividades, conflitos de interesses — pode ser superado por outra modalidade de ação. Na verdade, o que a Ciência e a Tecnologia precisam não é de um Ministério, mas de um *intérprete presente nas reuniões ministeriais*. Este intérprete poderia surgir na figura de um Ministro "extraordinário", o adjetivo indicando que sua pasta não implica na realização de atividades operacionais diretas, e na situação de transitoriedade temporal, ou na do Chefe do Escritório de Assessoramento, que passaria a ter acesso às reuniões do Gabinete, ou, com o mesmo privilégio, na do Presidente do Conselho de Planejamento Científico e Tecnológico, que será discutido a seguir.

Este Conselho é o segundo escalão. Considera-se de grande vantagem que haja distinção entre os órgãos do planejamento científico e os de execução das medidas por ele propostas. Esta dupla função vem sendo exercida com o melhor êxito entre nós pelo Conselho Nacional de Pesquisas, e poderá sê-lo ainda por algum tempo. Entretanto, em futuro próximo, provavelmente mais próximo do que se pensa, a dupla atividade do Conselho Nacional de Pesquisas tornar-se-á pesada demais para um só órgão.

Este Conselho de Planejamento Científico deve incluir em seu corpo deliberativo generalistas, cientistas e pesquisadores originários dos vários ramos da atividade científica: as Ciências Exatas e Naturais, as Ciências Humanas e Sociais, e ainda, economistas, administradores, urbanologistas e "futurologistas". Sua ação deve ser essencialmente prospectiva; a curto e a longo prazo, normativa; terá ele a função de assessorar o órgão executivo, de promover a planificação harmoniosa de todas as atividades científicas e tecnológicas, e indicar a parcela de financiamento destinada aos vários setores de investigação, bem como encarar os problemas do desenvolvimento tecnológico e científico nos seus aspectos prospectivos e sociais.

Para tanto, será necessário que o mesmo esteja em constante contacto com a coletividade científica, seja diretamente ou através da Academia de Ciências, ou de órgãos representativos. Possivelmente a única ação operacional deste "Conselhão" será a da informação correta ao público. Ligado diretamente ao intérprete da Ciência e da Tecnologia junto ao Ministério — função que poderá caber ao seu próprio Presidente — deverá este Conselho se abster de ações operacionais, que são da competência dos Conselhos de Pesquisa.

É de crer que é sábia a orientação que se dá inicialmente em uma nação ao fomento da pesquisa científica, à responsabilidade de um só Conselho. A experiência revela, contudo, que, à medida que evolui a nação, começa a se fazer evidente a necessidade de um pluralismo destes mesmos órgãos. Assim se justifica a criação, ao lado do Conselho de Pesquisas, destinado principalmente às pesquisas fundamentais e tecnológicas, de outros: para investigações médicas; para as agrícolas; e para as Ciências Sociais — aos quais se juntará em breve, como já se fez na Inglaterra e se estuda nos Estados Unidos, o Conselho do "Ambiente".

As Comissões Nacionais de Energia Nuclear se destacam, entretanto, pela sua atividade, característica deste agrupamento.

Ao Conselho de Planejamento Científico, caberá a coordenação da atividade de todos os Conselhos enumerados. Mas qual a função dos mesmos?

É ela a de fomentar, suplementando-as ou complementando-as, as atividades científicas da nação, nos vários setores enumerados. Neste sentido a ação do Conselho Nacional de Pesquisas, entre nós, tem sido de extraordinário alcance.

O problema prático que a criação dos Conselhos múltiplos cria é a necessidade da definição, a que não devemos fugir, de sua colocação dentro do sistema administrativo de uma nação. Parece-me que a proposição contida na chamada "teoria de Haldane" é a mais adequada. Lord Haldane, ao criar os Conselhos de Pesquisa Médica e de Pesquisa Agrícola, em 1920, na Grã-Bretanha, propôs que fossem os mesmos ligados a uma organização independente dos Ministérios Especializados, e não a estes. O esquema ora apresentado é o que se propõe.

A contra-indicação, ouvida várias vezes, que podem os Conselhos deste modo afastar-se de problemas nacionais específicos, é irrisória. Basta assinalar o que fez o Conselho Britânico de Pesquisas Agrícolas, e o recente episódio da epidemia de febre aftosa que assolou a Grã-Bretanha. Neste, soube ele conduzir os elementos científicos necessários a fazer face ao problema e impor os estudos epidemiológicos e econômicos que levaram à destruição de uma grande parte do rebanho bovino, única forma de eliminação do problema, que se tornaria crônico. Fórmula acertada e realizada através de medidas que pareceram a muitos, de início, de caráter econômico catastrófico.

Resta ainda acentuar que a ação operacional própria desses Conselhos deve limitar-se a um mínimo. O importante é que possam eles fortalecer a investigação, onde ela se realiza e deva realizar-se: universidades, institutos oficiais e instituições particulares. São esses Conselhos que podem estar em contacto direto com a massa de investigadores e com os problemas imediatos da pesquisa, e que podem resolvê-los diretamente: bolsas, equipamento, materiais de consumo, verbas de custeio, promoção de intercâmbio, etc., etc.

As razões de certa restrição às atividades operacionais do Conselho se explicam, na área básica, pela necessidade de uma renovação constante de informações e de conhecimento, que não é fácil, em instituições isoladas dos conjuntos universitários. No domínio da Aplicação, há o perigo da falta de contacto com os usuários e os problemas mais prementes; sobretudo o que há nos dois casos é o perigo do enfraquecimento das instituições de pesquisa do país, que se tornam marginalizadas. O excesso de amparo a esses institutos pode levar ainda a uma formulação de uma "Ciência Nacional", tomada a expressão no seu sentido receptivo, o que impede o progresso científico, como foi o caso da Genética na União Soviética, quando sufocada pelo lysenkismo.

A respeito da multiplicação de instituições próprias dos Conselhos, cite-se também o caso da Espanha. Desde sua criação, há 30 anos, o Conselho de Investigações Científicas daquele país concentrou todo o seu esforço em seus próprios laboratórios. A reforma que se anuncia atualmente, com a nomeação do Ministro da Educação para o exercício concomitante da Presidência do Conselho de Investigações, prevê que o país vá dar outra extensão à utilização dos fundos destinados à investigação. Também na Rússia se observa tendência à retomada de uma posição mais descentralizada, em relação aos Institutos de Pesquisa, pelo avantajamento excessivo tomado por aqueles pertencentes à Academia de Ciências. O mesmo se observa na Tcheco-Eslováquia. Mais ainda, várias vezes, instituições diretamente subordinadas aos Conselhos têm tido oportunidade de se transformarem em um organismo gigante, de difícil gestão e de rendimento menor do que as instituições de pequeno porte.

De outro lado, a massificação da universidade, e as dificuldades trazidas pela contestação estudantil, ou pela co-gestão, têm dado maior ímpeto e melhor augúrio às instituições destinadas exclusivamente à pesquisa e subordinadas aos Conselhos correspondentes. O caso francês é elucidativo. Até certo momento, a passagem do pesquisador do Centre National de la Recherche Scientifique para os quadros universitários era almejada por todos, e considerada um sinal de distinção concedido àqueles pesquisadores de maior porte. Desde 1968 a corrente se inverteu, e grande número de membros do corpo docente da Universidade — entre os quais o nobelista Alfred Kastler — passou ou deseja passar da Universidade para o Conselho.

Estas considerações mostram de novo como o problema organizacional da pesquisa é complexo e apresenta características diversas para países e situações diferentes. É de se prever que o mesmo se passe entre nós, se houver carga didática excessiva dada aos docentes-pesquisadores.

Quanto ao organismo de ação operacional própria, não é esta difícil de ser explicitada. Cabe ela às instituições universitárias e ministeriais, especializadas ou não. O que é importante é estatuir plena conexão entre as diversas instituições, de modo que os institutos especializados complementem e colaborem com a atividade de outros, e que estes participem do esforço de ensino, principalmente na área de pós-graduação. É importante também assegurar a ligação de todas aos problemas de interesse nacional, regional ou não, o que é fácil de ser realizado, através de medidas adequadas tomadas pelos Conselhos Especializados.

PRIORIDADES E OBJETIVOS NACIONAIS DE DESENVOLVIMENTO

No estudo da evolução da ciência no mundo moderno, observa-se que nenhum programa de investigação fundamental ou aplicada se estabeleceu de forma permanente, extensa e principalmente reprodutiva, enquanto não foi atingido um consenso, em nível de governo, da importância do pensamento científico, da educação científica e da pesquisa, para o desenvolvimento cultural e material da Nação.

Se devesse eu assinalar, em poucas palavras, as principais realizações do Conselho Nacional de Pesquisas, no quadro da pesquisa brasileira, indicaria:

1º) a disseminação da idéia da importância da pesquisa científica fundamental ou aplicada para o desenvolvimento nacional, em nível de governo, associada à sua implantação na maioria das Universidades brasileiras, baseada em planos específicos.

2º) o sentido de continuidade que imprimiu em seus programas, garantidos, agora, por vinte anos de atuação intensa e constante.

Assim, se numa avaliação geral considerarmos que a criação do Instituto Oswaldo Cruz representou a *institucionalização* da pesquisa científica dentro de princípios rigorosos, com perspectivas de continuidade, e a criação da Faculdade de Filosofia, Ciências e Letras da Universidade de São Paulo constituiu-se no marco da *formação profissional do pesquisador brasileiro,* não hesitaremos em apontar o Conselho Nacional de Pesquisas como a terceira etapa fundamental da ciência brasileira, marcando a fase que chamaríamos de sua *implantação ao nível de governo,* precedida de longo trabalho de conscientização junto às classes dirigentes do país.

Assim é que hoje, ao tratarmos de prioridades, teremos que assinalar, desde logo, que, envolvendo objetivos políticos do Governo, a pesquisa científica e tecnológica se insere com destaque no "Programa das Metas e Bases para Ação do Governo", organizado pelo Ministério do Planejamento.

Neste documento, define o Governo os seus objetivos fundamentais e estabelece as grandes prioridades nacionais para o período de 1970/1973, que são:

1º) Revolução na Educação e aceleração do Programa de Saúde e Saneamento;

2º) Revolução na Agricultura — abastecimento;

3º) Aceleração do Desenvolvimento Científico e Tecnológico;

4º) Fortalecimento do poder de competição da indústria nacional.

Está, dessa forma, inscrito o desenvolvimento da pesquisa brasileira como uma das quatro principais metas do Governo, cuja implementação representa, no quadriênio, dispêndios previstos de Cr$ 1 470 milhões, que devem ser comparados com o dispêndio total de Cr$ 43 milhões em 1967 (preços de 1970).

E só assim poderemos atingir objetivos globais de desenvolvimento: aliando decisões de caráter científico propostas por cientistas às demais, provenientes de decisões políticas ligadas ao progresso sócio-econômico do país. É um largo espectro de metas a serem atingidas que inclui a *educação científica e a pesquisa,* como elementos integrantes do processo cultural e indispensáveis à melhoria da qualidade da vida, e a *tecnologia* e o *desenvolvimento operacional,* submetidos estes a critérios econométricos, na avaliação de seu verdadeiro papel no progresso material da nação.

Se examinarmos, em detalhe, a evolução das atividades do CNPq, em vinte anos de existência, colheremos dados e ensinamentos valiosos e, em obediência ao tema proposto, poderemos destacar um conjunto de prioridades que se estabeleceram no tempo e que tentaremos classificar para melhor entendimento.

Órgão da Presidência da República, destinado a promover e estimular o desenvolvimento da investigação científica e tecnológica em qualquer domínio do conhecimento, é o Conselho instrumento essencial do Governo para a execução de metas previstas no planejamento global, em relação à Ciência e à Tecnologia do país. Dotado de orçamento próprio desde sua criação, a evolução de suas dotações nos últimos anos é mostrada nas Figs. 1 e 2.

É preciso acentuar aqui que outros órgãos do Governo Federal, criados posteriormente e dotados de programas complementares ou paralelos aos do CNPq, reforçam as dotações destinadas à ciência e tecnologia no Brasil, como o Fundo Nacional de Desenvolvimento Científico e Tecnológico, do Ministério do Planejamento, a Coordenação do Aperfeiçoamento de Pessoal de Ensino Superior do Ministério da Educação, a Comissão Nacional de Energia Nuclear do Ministério das Minas e Energia, o Fundo de Desenvolvimento Técni-

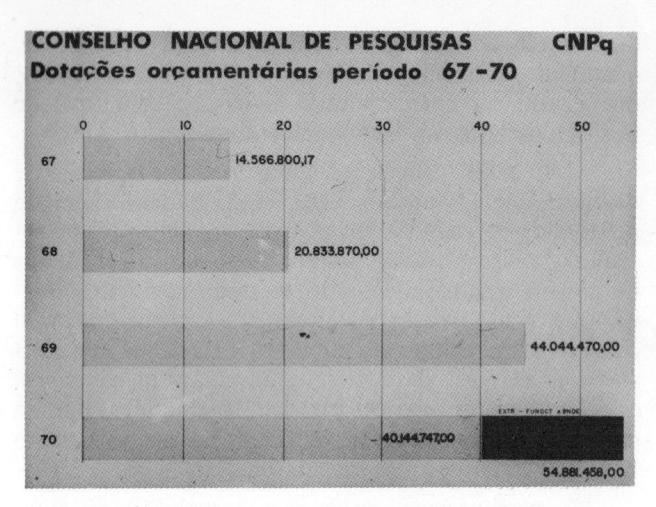

CONSELHO NACIONAL DE PESQUISAS CNPq
Dotações orçamentárias período 67-70

Ano	Valor
67	14.566.800,17
68	20.833.870,00
69	44.044.470,00
70	40.144.747,00 (EXTR - FUNDCT + BNDE) 54.861.458,00

Fig. 1

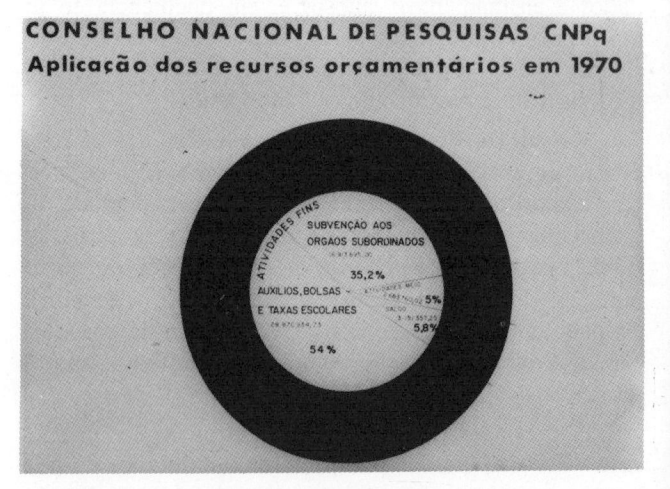

CONSELHO NACIONAL DE PESQUISAS CNPq
Aplicação dos recursos orçamentários em 1970

- ATIVIDADES FINS — SUBVENÇÃO AOS ORGÃOS SUBORDINADOS: 35,2%
- AUXÍLIOS, BOLSAS E TAXAS ESCOLARES: 54%
- 5%
- 5,8%

Fig. 2

co-Científico do Banco de Desenvolvimento Econômico, formando um sistema de apoio, ao qual voltarei mais adiante.

Vencida a fase inicial de catequese e de sua própria implantação, dedicou-se o CNPq, prioritariamente, em tarefa que lhe consumiu alguns anos através de orçamentos que apenas correspondiam às suas aspirações mínimas, à sustentação de pesquisadores e de centros já existentes no país, providenciando a criação de outros, absolutamente indispensáveis ao quadro da pesquisa brasileira, tomando iniciativas limitadas, dentro de um orçamento insuficiente. A prioridade aqui era essencialmente a *sustentação* do que já existia e a criação do estritamente indispensável.

Entretanto, após alguns anos, consolidado o seu prestígio junto aos dirigentes do país, no meio universitário brasileiro, nos principais setores de atividade da nação, pôde o CNPq ampliar a sua ação, desenvolvendo intenso programa de formação de pessoal científico categorizado, estabelecendo um bem estruturado sistema de bolsas de complementação salarial para o desempenho do trabalho científico em dedicação exclusiva — bolsas que atingem desde o estudante que se agrega ao plano de um orientador categorizado, até o Chefe de Pesquisas ou o Pesquisador-Conferencista, que têm sob sua direção plano e equipe constituídos.

A prioridade, então, e que até hoje se mantém, era a multiplicação do número de pesquisadores, e que chamaremos de *seletiva,* pois visava à identificação e ao apoio dos mais capazes e, simultaneamente, estimulava a sua ação formadora, pela concessão de bolsas nas categorias iniciais da carreira aos mais promissores.

Tal política foi seguida de um programa de melhoria e expansão dos meios indispensáveis à realização do trabalho científico, dando-se início a um sistema de amparo à atividade do pesquisador, passos iniciais de uma "política para a ciência" que vem se mantendo e se ampliando até o presente.

Realmente, é hoje, ainda, a principal preocupação do Conselho a multiplicação do número de pesquisadores categorizados, visando à obtenção de "massa crítica" de indivíduos dotados com sólida formação científica, da qual se possa destacar, como produto final, a "massa de talentos", essencial ao trabalho eminentemente criador.

Estão se formando, assim, os que serão capazes de empreender a tarefa de difusão e adaptação de tecnologia em suas várias modalidades, os profissionais altamente competentes que levarão a cabo todas as atividades que constituem a pesquisa e o desenvolvimento (R & D) e, finalmente, em menor número, os pesquisadores criadores, destinados, também, à formação de novos elementos para a investigação científica e tecnológica.

Bolsas do Conselho

O número de bolsas concedidas em 1970 elevou-se a 2 700, contra 2 143 que vigoraram em 1969 (Figs. 3 e 4). Deste total, 1 802 se destinaram à formação de pessoal e assim se dividiram: 666 de Iniciação Científica, 1 136 de Aperfeiçoamento e Pós-Graduação, nas Instituições que mereceram o reconhecimento oficial do CNPq como Centros de Pós-Graduação. As restantes bolsas foram de estímulo à pesquisa, concedidas a Pesquisadores Assistentes, Pesquisadores, Chefes de Pesquisas e Pesquisadores-Conferencistas.

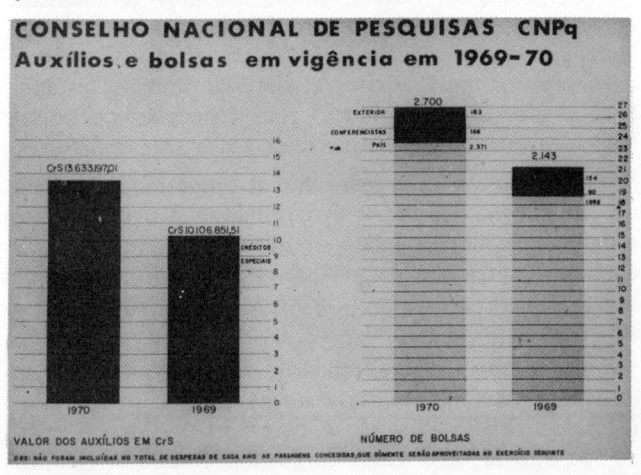

Fig. 3

Além das bolsas de Aperfeiçoamento e Pós-Graduação, concedidas nas instituições nacionais, o Conselho vem, há vários anos, realizando intenso programa

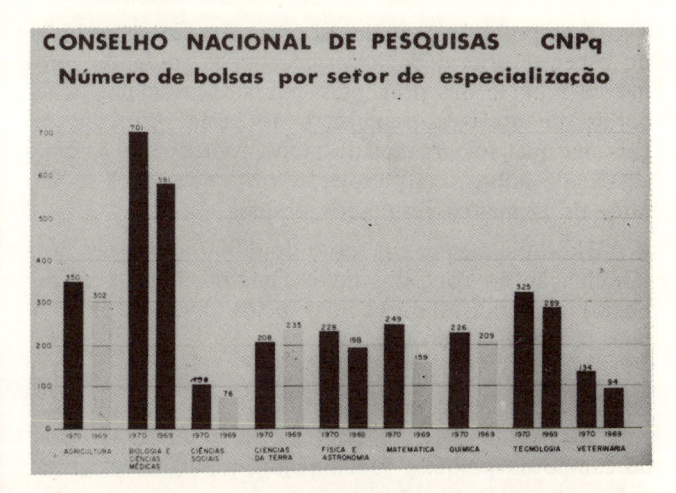

CONSELHO NACIONAL DE PESQUISAS CNPq
Número de bolsas por setor de especialização

Fig. 4

de formação de pesquisadores no estrangeiro, nos níveis do Doutoramento e Pós-Doutoramento. No momento, encontram-se no exterior 68 bolsistas, tendo sido já aprovada, este ano, a ida de mais 65 nos vários campos do conhecimento.

A Pós-graduação

O Governo, pelo Decreto nº 63 343/68, dispõe sobre a instituição de Centros Regionais de Pós-Graduação, atribuindo ao CNPq a tarefa de levantamento das instituições capazes de ministrar cursos de Pós--Graduação em nível elevado. Para esse fim, criou o Conselho, a Comissão de Pós-Graduação, que selecionou, até agora como Centros de Excelência, 81 instituições, nas quais se realizam 156 cursos de Mestrado e de Doutorado, assim relacionados:

Pós-graduação

Concedeu o CNPq em 1970, 550 bolsas de Pós--Graduação, em regime de tempo integral e 750 para o ano em curso, estando já fixado o número de 850 para o próximo ano.

É importante assinalar aqui, que o Conselho, dando especial prioridade à formação pós-graduada, promoveu reunião das principais entidades estaduais, e federais, de apoio à pesquisa e ao ensino superior do país, na qual foi organizado plano coordenado de concessão de bolsas, com projeção em vários anos, e são estes os primeiros resultados obtidos.

Há, atualmente, em torno de 4 000 alunos de Pós-Graduação no país, dos quais mais de 2 000 contemplados com bolsas concedidas pelos diversos organismos de apoio à pesquisa.

Vem dessa maneira se desenvolvendo o programa de formação de pessoal científico, em ação coerente com as possibilidades e com as perspectivas do país, no campo da pesquisa fundamental, fundamental orientada e tecnológica. Assim é que, como vimos, estão em atividade de formação pós-graduada, até o presente, 156 cursos reconhecidos pelo CNPq, dos quais 120 capazes de conferir grau de Mestre e apenas 36, o grau de Doutor.

Tal proporção entre Mestres e Doutores parece corresponder às solicitações de pessoal científico necessário às atividades de pesquisa e de desenvolvimento tecnológico que se realizam em países como o Brasil: uma parte bem maior de indivíduos terá uma formação pós-graduada correspondente ao grau de Mestre, o que os possibilitará exercer, em melhores condições, atividades profissionais, tecnologia adaptativa, transferência de tecnologia; enquanto que só um menor número atingirá a categoria de Doutor e se qualificará para a pesquisa que gera o alargamento do conhecimento, para a tecnologia criadora, para a formação de novos pesquisadores.

Dentro da prioridade estabelecida para a formação de pessoal científico, é importante assinalar a criação da bolsa de Pesquisador-Conferencista, contemplando os pesquisadores mais destacados do país que, anualmente, se obrigam a empregar um mês de suas atividades na realização de aulas, seminários, trabalhos práticos em laboratórios e orientação de pesquisas nos centros menos adiantados. São, atualmente, em número de 188, distribuídos pelos diversos campos da atividade científica.

Nesse capítulo de formação de pessoal categorizado para a pesquisa, queremos acentuar, entretanto, que ainda estamos longe de atingir números globais condizentes com o desenvolvimento geral do país. Numa avaliação muito aproximada podemos dizer que dispomos, no momento, de 9 000 pesquisadores, definidos como elementos que trabalham em pesquisa e que a ela já deram alguma contribuição, numa atividade continuada. Este número corresponderia a 1 pesquisador por 10 000 habitantes, situando-se muito abaixo dos valores admitidos para todos os países desenvolvidos, mesmo os de menor projeção científica. Assim é que se assinalam 25.7 para os Estados Unidos, 21.0 para a Rússia, descendo até 3.2 para a Espanha.

Em ação simultânea, vem o CNPq expandindo o seu programa de concessão de auxílios para a pesquisa, tanto fundamental como aplicada, procurando melhorar e tornar cada vez mais adequada as condições de trabalho do pesquisador brasileiro. Assim é que no exercício do ano passado, concedeu cerca de 500 auxílios em suas mais diversas modalidades: aquisição de equipamento e de material de consumo, contratação de professores estrangeiros e pagamento de pessoal técnico, realização de viagens e estágios, aquisição de livros, periódicos, etc. (Fig. 5).

CONSELHO NACIONAL DE PESQUISAS
Valor de auxílios e bolsas dispendido pelos setores no exercício de 1970

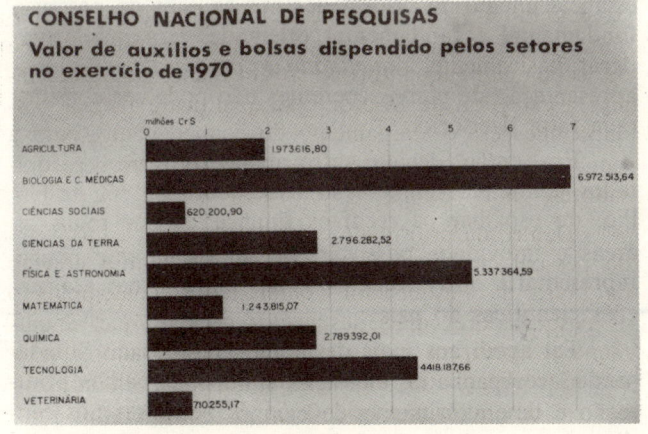

Setor	Valor (Cr$)
AGRICULTURA	1.973.616,80
BIOLOGIA E C. MÉDICAS	6.972.513,64
CIÊNCIAS SOCIAIS	620.200,90
CIÊNCIAS DA TERRA	2.796.282,52
FÍSICA E ASTRONOMIA	5.337.364,59
MATEMÁTICA	1.243.815,07
QUÍMICA	2.789.392,01
TECNOLOGIA	4.418.187,66
VETERINÁRIA	710.255,17

Fig. 5

Entramos, assim, na fase em que predominaram as prioridades que chamaríamos de *convergentes* e que até hoje são decisórias em boa parte da ação do Conselho. São os auxílios e bolsas destinados a planos de trabalho para os quais convergem a qualidade do pesquisador, a sua viabilidade, o valor científico intrínseco da pesquisa planejada, e/ou o seu valor extrínseco, medido pelas repercussões que poderão ter em outros setores do conhecimento, ou no meio sócio-econômico do país.

Constituem, ainda, tais planos, classificados dentro da *pesquisa fundamental* e da *pesquisa fundamental orientada,* grande contingente nas atividades do Conselho.

Nestes campos o elemento fundamental e decisivo será sempre o pesquisador, o indivíduo dotado da formação adequada, de imaginação criadora e de tenacidade, capaz de atingir os objetivos desejados.

Muito difícil e, o mais das vezes, impossível ou indesejável, será aqui estabelecer prioridades de um setor de atividade sobre outro, ou, menos ainda, adotar critérios de previsão de rentabilidade ou análises de custo-benefício.

Em países como o Brasil, em que a atividade científica ainda é relativamente pequena e, por outro lado, muito reduzidos os recursos destinados à pesquisa, o estabelecimento de prioridades nos campos da pesquisa fundamental e fundamental orientada, terá que considerar, basicamente, a *qualidade do pesquisador,* já que a apresentação de planos coerentes não pode ser considerada fator decisório.

Era, então, decidir entre apoiar os mais bem dotados confiando numa ação irradiadora de seu trabalho, ou espalhar os recursos financeiros por todas as áreas e indivíduos possíveis, de tal forma que pouco representaria o investimento como impacto nas realizações científicas do país.

Tal apoio aos mais destacados pesquisadores vem sendo acompanhado, em ação simultânea, da implantação e desenvolvimento de campos considerados fundamentais, graças a contratação e apoio a cientistas estrangeiros, assim como pelo treinamento fora do país, em bolsas de Doutoramento e Pós-Doutoramento dos elementos nacionais mais promissores.

É o caso, por exemplo, do desenvolvimento de um Centro de Física, no Nordeste, na Universidade Federal de Pernambuco.

Este programa, de iniciativa do Conselho, já se iniciou com a contratação de três professores estrangeiros e de vários elementos locais egressos da Pós--Graduação no Sul do país, e nele serão aplicados até 1973, Cr$ 1 475 000,00, como destaque de seu Setor de Física.

Podendo contar já com um maior número de pesquisadores, razoavelmente remunerados e equipados, dispondo de dotações orçamentárias mais condizentes com a grande tarefa a realizar, formulou o Conselho, em fins de 1967, o seu *Plano Qüinqüenal para o Desenvolvimento Científico e Tecnológico,* contendo as bases de uma programação geral e uma relação detalhada de campos a serem desenvolvidos dentro de um sistema de *prioridades racionais* e *abrangentes,* indicadas pelas condições de exeqüibilidade e pelas exigências do desenvolvimento científico e tecnológico do país. Dava o CNPq, então, os seus passos mais seguros para a execução de uma "política da ciência", orientado pela convocação de numerosos representantes da comunidade científica brasileira.

No curso de sua execução, vem o CNPq destacando, além dos setores fundamentais, campos cujo desenvolvimento acarretam repercussões em vários outros, estabelecendo, assim, prioridades que chamaríamos de *reprodutivas*. É o caso dos planos para a expansão de vários setores da Química (Físico-Química, Química Inorgânica, Sínteses Orgânicas e Química de Polímeros), já em adiantada fase de execução nas Universidades do Rio de Janeiro e São Paulo. Ou a prioridade estabelecida para os campos de Agricultura, Ciência de Computação, Geofísica e Geoquímica, Pesquisa Industrial, especialmente contemplados no acordo firmado com a Academia de Ciências dos Estados Unidos.

Situam-se neste grupo, por exemplo, as pesquisas nos campos da Genética, da Biofísica, da Física do Estado Sólido, que atuando em áreas interdisciplinares, podem contribuir com resultados de natureza reprodutiva.

Obedecem a critérios rigorosamente prioritários, de acordo com os graus respectivos de excelência que atingiram em determinados campos, os convênios firmados pelo CNPq com o Canadá, com a Royal Society, com a Alemanha, ou aqueles em vias de serem firmados com os Estados Unidos, Japão e Israel.

Adotando critério que chamaríamos de *cronológico,* já que há urgência no aproveitamento das condições ecológicas ou sócio-econômicas que oferecem, de caráter quase sempre transitório, tem o CNPq apoiado programas e organizado planos para o aproveitamento dos chamados "laboratórios naturais", visando ao estudo de problemas ligados à Antropologia Social, à Lingüística, à Nutrição, à adaptabilidade do homem ao meio ambiente, à Zoologia, à Botânica, etc.

Desde os últimos anos, valendo-se de um sistema nacional de ciência e tecnologia, que progressivamente se estrutura e se aperfeiçoa, e do qual é centro, desenvolve o CNPq programas de pesquisa aplicada ou mais precisamente de natureza tecnológico-industrial, com o Ministério do Planejamento ou, diretamente, com os demais Ministérios especializados.

São os programas para o aproveitamento econômico dos "campos cerrados" em colaboração com o Ministério da Agricultura, ou a realização de estudo sobre o estado atual do parque siderúrgico brasileiro, com a colaboração do Conselho Nacional de Siderurgia, do Instituto Brasileiro de Siderurgia do Ministério da Indústria e Comércio e da Associação Brasileira de Metais, abrangendo 21 indústrias siderúrgicas, 6 empresas consumidoras de aço e fornecedoras de insumos, 17 organizações de classe e de pesquisa.

Esse estudo, já concluído, propõe medidas para a elevação de nível de *know-how* das empresas siderúrgicas com vistas a assegurar crescente produtividade, dentro da meta de 20 000 000 toneladas por ano, estabelecida pelo Governo e a ser alcançada em 1980.

A utilização do conjunto de prioridades acima descrito, ou a ênfase dada a umas ou a outras, de acordo com o desenvolvimento de cada campo ou com os objetivos a atingir, constitui uma estratégia de política científica, cuja coordenação, envolvendo pesquisa fundamental, fundamental orientada e tecnológica, está a cargo do CNPq.

Em alguns programas de pesquisa aplicada e em muitos outros na área tecnológico-industrial, nas quais os objetivos principais são a melhoria da qualidade da vida e o progresso econômico, vem o CNPq trabalhando em ação coordenada e multiplicadora com o Ministério do Planejamento.

Realmente, difícil se torna entender que se desenvolvam atividades de pesquisa no campo tecnológico-industrial, sem uma prévia avaliação de sua viabilidade e da sua contribuição efetiva ao processo de desenvolvimento econômico do país.

É necessário esclarecer, a esta altura, que não estamos, de forma alguma, procurando separar a pesquisa fundamental da pesquisa tecnológica, em sua conceituação básica. Sabemos bem que estão elas intimamente ligadas e que só assim poderão progredir e que o que as diferencia, do ponto de vista do investigador, é a sua visão prospectiva, livre e autônoma, no caso da pesquisa fundamental; pragmática e ligada aos interesses do país, no caso da pesquisa tecnológica.

Do ponto de vista do administrador científico, cuidadosa atenção deve ser dada aos projetos de pesquisa tecnológica, cujas possibilidades de atingir os seus objetivos finais não foram devidamente avaliados.

Além do mais, sabemos todos que, em média, são empregados em pesquisa e desenvolvimento, apenas de 5% a 10% do custo total do processo de inovação.

É, assim, muito possível que países em desenvolvimento, desprovidos de um apurado sistema de avaliação econômica, estejam a gastar indefinidamente em pesquisa e desenvolvimento tecnológicos, sem qualquer probabilidade de êxito. Mesmo porque, este dependerá, ainda, do emprego de quantias nove vezes maiores, nem sempre disponíveis, até que se consiga o produto final.

Diante do fortalecimento e expansão de vários setores da pesquisa brasileira, empreendido, como vimos, nos últimos anos de atividade do Conselho, encontra-se esta, a nosso ver, em condições de ampliar o seu campo tecnológico-industrial.

O ponto de partida para uma ação coerente e extensa, foi fixado, em 1967, em reunião promovida pelo CNPq, dentro do convênio com a Academia de Ciências dos Estados Unidos e da qual resultou o documento "A Pesquisa Industrial no Brasil como Fator de Desenvolvimento", publicado em 1968, contendo recomendações fundamentais, que estão sendo progressivamente implementadas.

Por outro lado, vem o CNPq dando especial atenção à Pós-Graduação no setor da Tecnologia, especialmente em Engenharia, à formação de pessoal categorizado no campo da administração científica de pesquisa-desenvolvimento. Incentiva e desenvolve, prioritariamente, os planos e trabalhos em Siderurgia, Cerâmica (especialmente refratários utilizados em produção de aço e matérias-primas, cerâmicas, minerais não-metálicos), em Tecnologia de Alimentos, Máquinas e Ferramentas, Metalurgia de Metais não-ferrosos, Engenharia Mecânica, Indústria Química.

Importância destacada está sendo dada à organização de um Sistema Nacional de Informação Tecnológica, conforme proposta da reunião de Institutos de Tecnologia, organizada ultimamente em São Paulo, sob a coordenação do Conselho.

No sistema coordenado com o Ministério do Planejamento, acima referido, foram encaminhados, este ano, 12 projetos nos campos da pesquisa aplicada e tecnológico-industrial, com vistas ao seu atendimento através de empréstimo do BID.

Como se verifica da exposição que acabo de fazer, vem a pesquisa brasileira se estruturando e se ampliando no sentido de completar o seu campo de ação e que é chegada uma nova fase de sua vida.

Esperamos todos, entretanto, que, desenvolvendo harmonicamente o seu potencial científico e tecnológico, possa ela contribuir para a formação de uma sociedade que tenha por objetivo não só a elevação de seu PNB, o que é essencial e urgente, mas, também, a melhoria de qualidade da vida de seus integrantes.

APÊNDICE

AGENDA DO SIMPÓSIO SOBRE POLÍTICA CIENTÍFICA

1 — Objetivos de uma política científica e tecnológica;

2 — Formas possíveis de estruturação do órgão responsável pela política científica e tecnológica;

3 — Entidades e organizações responsáveis pela atribuição dos meios;

4 — Linhas de ação prioritária em ciência e tecnologia, considerando os objetivos nacionais de desenvolvimento.

RELAÇÃO DE PARTICIPANTES

1. Darcy F. de Almeida — Instituto de Biofísica da U.F.R.J.
2. Mário Donato Amoroso Anastácio — Secretaria de Ciência e Tecnologia da Guanabara.
3. J. W. Bautista Vidal — Ministério do Planejamento.
4. Luiz Renato Caldas — Instituto de Biofísica da U.F.R.J.
5. Joaquim Francisco de Carvalho — Instituto Brasileiro de Desenvolvimento Florestal.

6. Luiz Augusto de Castro Neves — Ministério das Relações Exteriores.
7. Carlos Chagas — Instituto de Biofísica da U.F.R.J.
8. Carlos Costa Ribeiro — Instituto de Biofísica da U.F.R.J.
9. J. David-Ferreira — Centro de Biologia da Fundação Calouste Gulbenkian, Portugal.
10. Sergio Xavier Ferolla — Centro Técnico de Aeronáutica, Instituto de Pesquisas e Desenvolvimento, São José dos Campos.
11. Manoel da Frota Moreira — Diretor da Divisão Técnico-Científica do Conselho Nacional de Pesquisas.
12. Paulo de Góes — Sub-Reitor de Ensino para Graduados da U.F.R.J.
13. Yves de Hemptinne — Diretor da Divisão de Política Científica da UNESCO.
14. Luiz Carlos G. Lobo — Universidade de Brasília.
15. Arlindo Lopes Corrêa — Secretário Executivo do Centro Nacional de Recursos Humanos, Ministério do Planejamento e Coordenação Geral.
16. Edison Machado de Souza — IPEA, Ministério do Planejamento e Coordenação Geral.
17. G. B. Marini-Bettolo — Diretor do Instituto Superior de Saúde de Roma.
18. Hebe Martelli — Instituto de Química da U.F.R.J.
19. Maria Aparecida Pourchet Campos — Centro Nacional de Recursos Humanos, Ministério do Planejamento e Coordenação Geral.
20. Walter A. Rosenblith — Massachusetts Institute of Technology, E.U.A.
21. Luiz Simões Lopes — Presidente da Fundação Getúlio Vargas.
22. Heitor G. de Souza — Reitor da Universidade Federal de São Carlos.

COLEÇÃO DEBATES

1. *A Personagem de Ficção*, A. Rosenfeld, A. Cândido, Décio de A. Prado, Paulo Emílio S. Gomes.
2. *Informação. Linguagem. Comunicação*, Décio Pignatari.
3. *O Balanço da Bossa*, Augusto de Campos.
4. *Obra Aberta*, Umberto Eco.
5. *Sexo e Temperamento*, Margaret Mead.
6. *Fim do Povo Judeu?*, Georges Friedmann.
7. *Texto/Contexto*, Anatol Rosenfeld.
8. *O Sentido e a Máscara*, Gerd A. Bornheim.
9. *Problemas de Física Moderna*, W. Heisenberg, E. Schroedinger, Max Born, Pierre Auger.
10. *Distúrbios Emocionais e Anti-Semitismo*, N. W. Ackerman e M. Jahoda.
11. *Barroco Mineiro*, Lourival Gomes Machado.
12. *Kafka: pró e contra*, Günther Anders.

13. *Nova História e Nôvo Mundo*, Frédéric Mauro.
14. *As Estruturas Narrativas*, Tzvetan Todorov.
15. *Sociologia do Esporte*, Georges Magnane.
16. *A Arte no Horizonte do Provável*, Haroldo de Campos.
17. *O Dorso do Tigre*, Benedito Nunes.
18. *Quadro da Arquitetura no Brasil*, Nestor Goulart Reis Filho.
19. *Apocalípticos e Integrados*, Umberto Eco.
20. *Babel & Antibabel*, Paulo Rónai.
21. *Planejamento no Brasil*, Betty Mindlin Lafer.
22. *Lingüística. Poética. Cinema*, Roman Jakobson.
23. *LSD*, John Cashman.
24. *Crítica e Verdade*, Roland Barthes.
25. *Raça e Ciência I*, Juan Comas e outros.
26. *Shazam!*, Álvaro de Moya.
27. *As Artes Plásticas na Semana de 22*, Aracy Amaral.
28. *História e Ideologia*, Francisco Iglésias.
29. *Peru: Da Oligarquia Econômica à Militar*, Arnaldo Pedroso D'Horta.
30. *Pequena Estética*, Max Bense.
31. *O Socialismo Utópico*, Martin Buber.
32. *A Tragédia Grega*, Albin Lesky.
33. *Filosofia em Nova Chave*, Susanne K. Langer.
34. *Tradição, Ciência do Povo*, Luís da Câmara Cascudo.
35. *O Lúdico e as Projeções do Mundo Barroco*, Affonso Ávila.
36. *Sartre*, Gerd A. Bornheim.
37. *Planejamento Urbano*, Le Corbusier.
38. *A Religião e o Surgimento do Capitalismo*, R. H. Tawney.
39. *A Poética de Maiakóvski*, Bóris Schnaiderman.
40. *O Visível e o Invisível*, Merleau-Ponty.
41. *A Multidão Solitária*, David Riesman.
42. *Maiakóvski e o Teatro de Vanguarda*, A. M. Ripellino.
43. *A Grande Esperança do Século XX*, J. Fourastié.
44. *Contracomunicação*, Décio Pignatari.
45. *Unissexo*, Charles Winick.
46. *A Arte de Agora, Agora*, Herbert Read.
47. *Bauhaus — Novarquitetura*, Walter Gropius.
48. *Signos em Rotação*, Octavio Paz.
49. *A Escritura e a Diferença*, Jacques Derrida.
50. *Linguagem e Mito*, Ernst Cassirer.
51. *As Formas do Falso*, Walnice Galvão.
52. *Mito e Realidade*, Mircea Eliade.
53. *O Trabalho em Migalhas*, Georges Friedmann.
54. *A Significação no Cinema*, Christian Metz.
55. *A Música Hoje*, Pierre Boulez.
56. *Raça e Ciência II*, L. C. Dunn e outros.
57. *Figuras*, Gérard Genette.
58. *Rumos de uma Cultura Tecnológica*, A. Moles.
59. *A Linguagem do Espaço e do Tempo*, Hugh Lacey.
60. *Formalismo e Futurismo*, Krystyna Pomorska.

61. *O Crisântemo e a Espada*, Ruth Benedict.
62. *Estética e História*, Bernard Berenson.
63. *Morada Paulista*, Luis Saya.
64. *Entre o Passado e o Futuro*, Hannah Arendt.
65. *Política Científica*, Darcy M. de Almeida e outros.
66. *A Noite da Madrinha*, Sergio Miceli.
67. *1822: Dimensões*, Carlos Guilherme Mota e outros.
68. *O Kitsch*, Abraham Moles.
69. *Estética e Filosofia*, Mikel Dufrenne.
70. *Sistema dos Objetos*, Jean Baudrillard.
71. *A Arte na Era da Máquina*, Maxwell Fry.
72. *Teoria e Realidade*, Mario Bunge.
73. *A Nova Arte*, Gregory Battcock.
74. *O Cartaz*, Abraham Moles.
75. *A Prova de Goedel*, Ernest Nagel e James R. Newman.
    A Operação do Texto, Haroldo de Campos.

SÍMBOLO S.A. INDÚSTRIAS GRÁFICAS
Rua General Flores 518 522 525
Telefones 51 6173 51 7188 52 9347
São Paulo   Capital   Brasil